Couverture Inférieure manquante

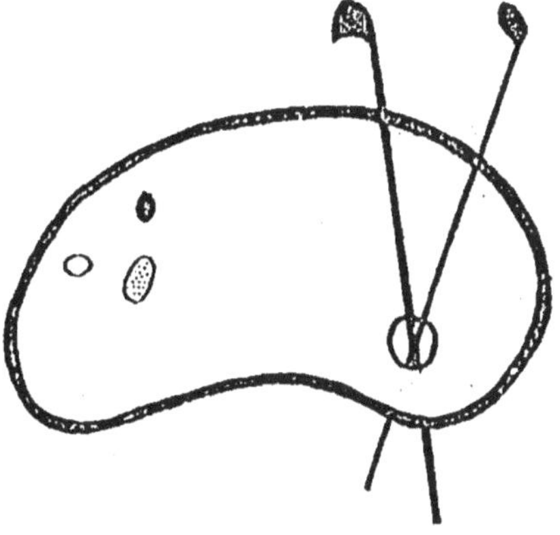

DEBUT D'UNE SERIE DE DOCUMENTS
EN COULEUR

SUR LES

COMPOSÉS DIAZOÏQUES

DE LA

SÉRIE GRASSE

PAR

DÉMÈTRE VLADESCO

Extrait du *Bulletin des Sciences Physiques*

PARIS

GEORGES CARRÉ, ÉDITEUR

58, RUE SAINT-ANDRÉ-DES-ARTS, 58

1892

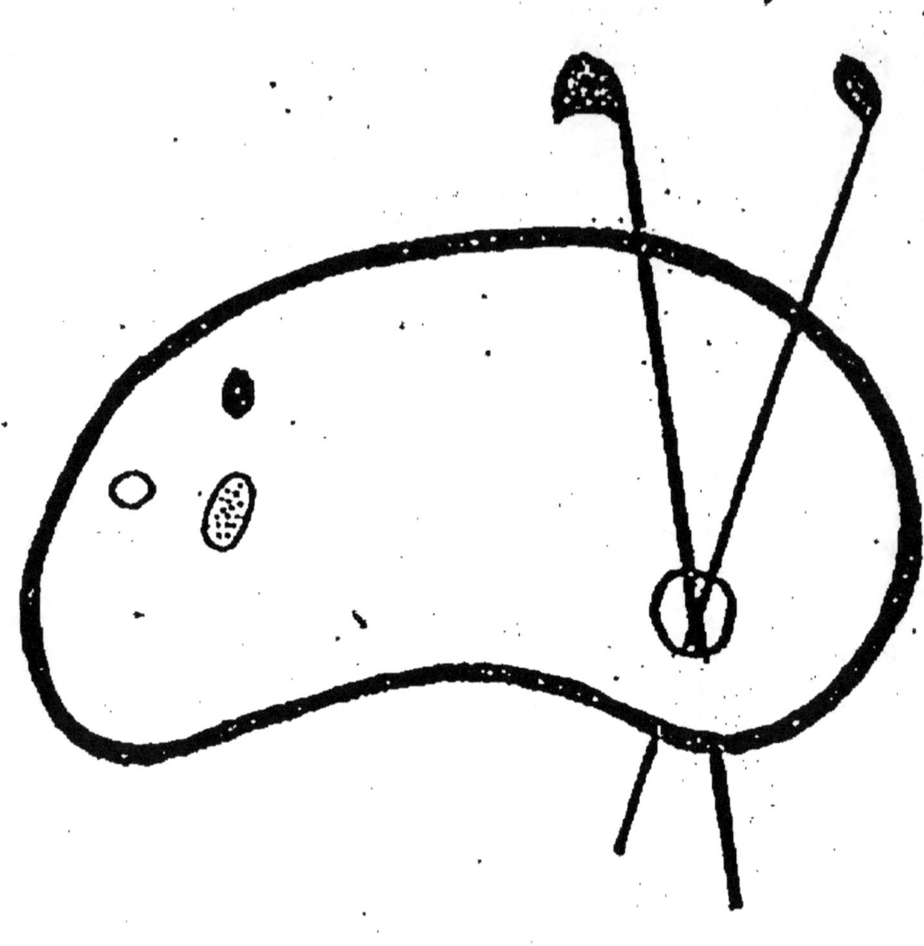

FIN D'UNE SERIE DE DOCUMENTS
EN COULEUR

COMPOSÉS DIAZOÏQUES DE LA SÉRIE GRASSE

PAR

DÉMÈTRE VLADESCO

Cette conférence a été faite avec beaucoup d'entrain et de succès, le 9 mai 1891, par M. Vladesco. Huit jours après, le jeune savant tombait dans le laboratoire où il était occupé à terminer une thèse de doctorat ayant pour sujet : *Les dérivés chlorés des acétones,* et était enlevé, par une mort presque foudroyante, à la science, à la Roumanie, sa patrie, à ses amis. Qu'il me soit permis d'exprimer ici la vive douleur que m'a fait éprouver cette fin tragique et inattendue, et les regrets profonds que laisse dans le cœur de tous ceux qui l'ont connu la personnalité sympathique et distinguée de M. Vladesco.

C. FRIEDEL.

MESSIEURS,

M. Friedel a bien voulu me proposer de faire une conférence. Ce n'est pas sans hésitation que j'ai accepté cette aimable invitation, d'autant plus que, comme étranger, cette tâche m'était encore plus difficile à remplir. Mais, espérant que vous voudrez bien m'accorder toute votre indulgence, je ferai de mon mieux pour résumer devant vous les résultats auxquels est arrivé M. Curtius dans ses intéressantes recherches sur les composés diazoïques et azoïques de la série grasse.

1

Les tentatives faites sur les corps amidés gras, en vue d'arriver à des produits plus azotés par l'action de l'acide nitreux, datent de longtemps déjà. Mais, même après la découverte, faite par Griess, en 1860, des dérivés diazoïques aromatiques, tous ces efforts sont restés sans résultats : on n'obtenait en général que les produits ultimes de l$'$ réaction, après élimination totale de l'azote :

$$AzH^2CHCO^2H + AzO^2H = Az^2 + H^2O + OHCH^2CO^2H,$$

comme aussi

$$C^6H^5AzH^2 = Az^2 + H^2O + C^6H^5OH.$$

Il est vrai que, par une autre voie, on a réussi à préparer des corps ayant une constitution analogue à celle des composés diazoïques, comme le diazoéthoxane $\begin{array}{c} C^2H^5OAz \\ \| \\ C^2H^5OAz \end{array}$ que Zorn [1] a obtenu par l'action de l'iodure d'éthyle sur l'hypoazotite d'argent et le sel potassique de l'acide diazoéthane sulfonique $\begin{array}{c} C^2H^5Az \\ \| \\ KSO^3Az \end{array}$ de M. E. Fischer [2], résultant de l'oxydation du sel de potassium de l'acide éthylhydrazinesulfonique

$$C^2H^5AzHAzHSO^3H$$

par l'oxyde jaune de mercure. On peut ajouter encore les combinaisons azotiques mixtes découvertes par M. V. Meyer [3].

Ce n'est qu'en 1883 que M. Curtius, en réalisant la formation de l'éther éthylique de l'acide diazoacétique par l'action

<hr>

(1) *Ber.*, XI, p. 1690.
(2) *Ann. Ch. et Pharm.*, CXCIX, p. 300.
(3) *Ber.*, IX, p.385.

du nitrite de sodium sur le chlorhydrate d'amido-acétate d'éthyle, est arrivé à la découverte du procédé de préparation des acides gras diazoïques.

Ce procédé consiste à traiter *le chlorhydrate d'un éther d'acide amidé par un nitrite en présence d'un déshydratant (acide en excès)*; il se produit l'éther de l'acide gras diazoté correspondant sous la forme d'une huile peu soluble dans l'eau et qu'on peut facilement en séparer par l'éther.

Ce procédé est général : l'auteur l'a appliqué à l'alanine, à la leucine, à l'asparagine, etc., et, dans tous les cas, il a obtenu les éthers des acides diazotés correspondants. De plus, comme on peut opérer sur de très petites quantités de substance et que ces composés diazotés ont des propriétés éminemment caractéristiques, il y a là un moyen pratique de s'assurer si un corps qui a les réactions générales d'un acide amidé possède réellement cette fonction.

La réaction se passe d'ailleurs en deux phases :

D'abord formation du nitrite du composé amidé ;

Ensuite déshydratation de ce nitrite par la présence d'un déshydra' nt quelconque : acide sulfurique dilué, par exemple.

M. Curtius a pu démontrer expérimentalement l'existence de ces deux phases, en préparant et isolant d'abord ces nitrites qui se forment quand on agite avec du nitrite d'argent en quantité équivalente, le chlorhydrate du composé amidé en poudre fine, tenu en suspension dans l'éther absolu.

Si nous prenons comme exemple le chlorhydrate d'amido acétate d'éthyle, nous aurons les formules suivantes :

$$(1) \quad HCl.AzH^2 - CH^2 - CO^2C^2H^5 + AzOOAg$$
$$= AgCl + AzOOH.AzH^2 - CH^2 - CO^2CO^2H^5$$

le nitrite de l'éther glycocollique, qui se présente en jolis cristaux solubles dans l'eau et dans l'alcool ;

$$(2) \quad AzOOH.AzH^2—CH^2—CO^2C^2H^5 = 2H^2O + Az^2 : CH—CO^2C^2H^5$$

qui est l'éther éthylique de l'acide diazoacétique.

La principale condition à remplir dans la préparation des acides gras diazoïques en partant des acides amidés, c'est d'employer ces derniers à l'état d'éthers et de sels. Tous les acides diazoïques sont instables à l'état de liberté et c'est là l'explication de la non-réussite des tentatives antérieures faites pour leur préparation.

Acide diazoacétique. — Le plus étudié de ces acides et jusqu'à présent le plus intéressant par les composés auxquels il conduit, c'est l'*acide diazoacétique*, ou plutôt ses éthers. Nous allons exposer avec quelques détails sa préparation et ses propriétés.

Préparation.— On prépare cet acide à l'état d'éthers méthylique, éthylique, etc., de la manière suivante: on dissout 50 grammes de chlorhydrate d'amidoacétate d'éthyle dans le moins d'eau possible qu'on introduit dans un entonnoir à robinet d'un litre environ, en refroidissant le tout un peu au-dessous de 0° ; on y ajoute 25 grammes de nitrite de sodium dissous également dans le moins d'eau possible; on y verse ensuite goutte à goutte de l'acide sulfurique étendu jusqu'à ce que le liquide commence à se troubler et à se colorer en jaune. Le diazoacétate d'éthyle se rassemble bientôt à la partie supérieure du liquide sous la forme d'une couche huileuse. On agite alors avec de l'éther qu'on décante. On ajoute de nouveau de l'acide sulfurique étendu, et les mêmes opérations sont répétées jusqu'à ce que l'acide sulfurique commence à provoquer un dégagement de vapeurs rouges.

On réunit alors les solutions éthérées, on les agite avec une solution de carbonate de sodium jusqu'à ce qu'il ne se dégage plus d'acide carbonique, puis on lave à l'eau et l'on sèche sur du chlorure de calcium. On distille ensuite en s'arrêtant quand le thermomètre marque 65°. Cette opération doit être faite avec prudence, car la combinaison diazoïque non encore pure peut faire explosion.

Le produit ainsi obtenu est agité avec un volume égal d'eau de baryte. Il se forme une émulsion jaunâtre que l'on divise par portions de 15 à 20 grammes. Chacune de ces portions est distillée avec un courant de vapeur d'eau, qui entraîne le diazocétate d'éthyle. On agite le liquide distillé avec de l'éther qui enlève le composé ; on redistille et on maintient le corps pendant plusieurs semaines sur du $CaCl^2$. Le rendement en diazocétate est de 90 à 95 0/0 de la théorie.

PROPRIÉTÉS. — Le diazoacétate d'éthyle est un corps liquide jaunâtre, d'une odeur particulière. Peu soluble dans l'eau, il se dissout dans les dissolvants neutres, possède une réaction neutre et, si on l'enflamme, il brûle sans explosion ; il ne détone pas sous le choc, mais fait explosion sous l'influence de l'acide sulfurique concentré ; il bout à 140-141° sous la pression de 720 millimètres. L'éther méthylique bout à 129° sous la pression de 721 millimètres ; il est peu soluble dans l'eau. L'éther amylique bout à 160° sous la même pression ; il est insoluble dans l'eau.

Les éthers de l'acide diazoacétique de la formule générale $CHAz^2CO^2R$ présentent encore quelques faibles propriétés acides. D'une part, ils se dissolvent dans les alcalis étendus ;

d'autre part, l'hydrogène méthylique peut être remplacé par les métaux alcalins et les métaux lourds.

L'*action des alcalis* est d'ailleurs très différente, suivant qu'ils sont étendus ou concentrés. Avec les alcalis concentrés il y a polymérisation et formation d'un éther de l'acide triazoacétique qu'on étudiera plus loin. Les alcalis étendus, au contraire, donnent les sels normaux de l'acide diazoacétique. Ces sels sont stables en solution étendue ; mais, si on veut les concentrer, ils se décomposent rapidement avec dégagement gazeux. Les acides les décomposent immédiatement avec dégagement d'azote et, par aucun moyen, on n'a pu obtenir l'acide diazoacétique à l'état de liberté. Les acides les plus faibles, même CO^2, dégagent de l'azote.

Les *métaux alcalins* en grenaille et leurs alcoolates réagissent sur une solution éthérée de diazoacétate d'éthyle, en donnant, semble-t-il, des dérivés de la forme $CMAz^2CO^2R$. Cès composés n'ont pas été complètement étudiés. Il semble aussi réagir sur les métaux lourds. M. Duchner mentionne une combinaison mercurique

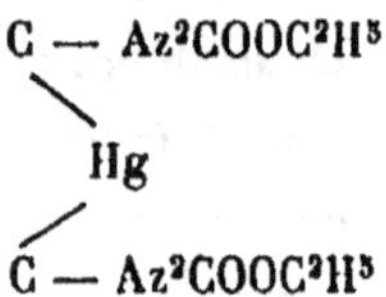

cristallisée, ayant des propriétés explosives.

Avec une solution aqueuse concentrée d'*ammoniaque*, il se forme, à la température de la cave de M. Curtius, après quelque temps, la diazoacétamide $CHAz^2COAzH^2$, corps cristallisé en tablettes transparentes ou en prismes qui fond a $112°$. Avec les acides étendus, il donne la glycolamide et avec l'iode la diiodo-acétamide. A la température du bain-marie, c'est la triazo-acétamide qui se forme, tandis que, sous l'influence d'un froid intense, c'est la triazimido-acétamide, dont la description sera donnée plus loin, qui en résulte.

Produits de transformation de l'acide diazoacétique. — Les combinaisons diazoïques grasses sont susceptibles de donner lieu à des réactions extrêmement variées.

D'une part, polymérisation avec transformation du groupe

$$C \underset{Az}{\overset{Az}{<}} \;\|\| \;,$$ qui se trouve dans leur molécule, en

$$\equiv C - Az = Az -\,,$$

polymérisation que nous étudierons plus loin (combinaisons triazoïques) ; d'autre part, transformation avec séparation d'azote, avec saturation des atomicités libres du carbone par d'autres radicaux.

Cette séparation d'azote peut se faire de deux manières différentes :

1° Elle peut être totale, comme dans l'action de l'eau, d'un acide, d'une aldéhyde, etc. ;

2° Ou bien partielle, dans le cas où deux ou plusieurs molécules de ces composés réagissent l'une sur l'autre avec formation de dérivés diazotés plus complexes.

Les équations suivantes donneront un exemple de ces deux modes de séparation de l'azote :

$$(1) \quad CHAz^2CO^2R + H^2O = CH^2\,(OH)\,CO^2R + Az^2$$
éthers de l'acide
glycolique.

$$(2) \quad 4CHAz^2CO^2R = C^8H^4Az^2O^8.R^4 + 3Az^2$$
éthers de l'acide
azinesuccinique.

Nous allons examiner les cas de transformation de l'acide diazoacétique suivant la première équation ; l'autre cas mène à des dérivés de l'hydrazine, les acides azine-succiniques.

Presque tous les corps, comme, par exemple, l'eau, les acides minéraux et organiques, les halogènes, les hydracides, les alcools, les phénols, etc., chauffés avec le diazoacétate d'éthyle, déterminent une réaction.

Quand l'acide diazoacétique perd son azote, deux atomicités deviennent libres dans sa molécule ; elles sont saturées par les corps ayant provoqué la réaction. Si ces corps contiennent un H appartenant à un oxhydryle ou à un carboxyle, cet H sature une des atomicités ; le reste fonctionne comme radical monovalent et sature l'autre atomicité. Et ce sont précisément les corps, dont l'H peut se séparer avec plus de facilité, qui réagissent avec plus de vivacité.

En premier lieu, l'*eau*, bien que le diazoacétate d'éthyle soit entraîné, comme nous l'avons vu, par sa vapeur, réagit par ébullition au réfrigérant ascendant sur ce corps en donnant le glycolate d'éthyle :

$$CHAz^2CO^2C^2H^5 + H^2O = CH^2OH - CO^2C^2H^5 + Az^2.$$

L'alcool produit l'éthylglycolate d'éthyle :

$$CHAz^2CO^2C^2H^5 + C^2H^5OH = CH^2 (OC^2H^5) CO^2C^2H^5 + Az^2$$

Les *acides organiques* réagissent de même avec formation d'éthers-sels. La réaction qui se fait à chaud donne lieu à une explosion ; on l'évite, en opérant en présence d'un corps inactif comme le toluène.

Avec l'acide acétique, par exemple, on aura l'acétylglycolate d'éthyle

$$CHAz^2CO^2C^2H^5 + C^2H^3OOH = CH^2O(C^2H^3O)CO^2C^2H^5 + Az^2.$$

L'acide benzoïque forme le benzoylglyco'ate d'éthyle ; l'acide hippurique, l'hippurylglycolate d'éthyle en cristaux fondant à 72°, solubles dans la benzine, l'alcool, l'éther, insolubles dans l'eau.

Les hydracides réagissent différemment suivant qu'ils sont concentrés ou étendus.

Les hydracides concentrés et principalement HCl conduisent à des dérivés de l'acide acétique monosubstitué :

$$CHAz^2 - CO^2C^2H^5 + HCl = CH^2ClCO^2C^2H^5 + Az^2.$$

Les hydracides étendus agissent plutôt comme hydratants et mènent à l'acide glycolique :

$$CHAz^2CO^2C^2H^5 + HCl + H^2O = CH^2OHCO^2H^5 + HCl + Az^2.$$

Cette réaction est nette avec l'acide chlorhydrique ; avec les autres acides en solution, il y a simultanément les deux réactions. L'acide fluorhydrique ne se substitue qu'à l'état anhydre, tandis qu'en solution il produit l'éther glycolique ou diglycolique, suivant qu'on l'emploie à l'état étendu ou concentré. Dans ce dernier cas, on a :

$$2CHAz^2CO^2C^2H^5 + H^2O + HFl = O\begin{cases} CH^2CO^2C^2H^5 \\ CH^2CO^2C^2H^5 \end{cases} + HFl + 2Az^2,$$

Le diglycolate d'éthyle bout à 241-245° sous la pression

de 710 millimètres; il est soluble dans l'alcool et dans l'éther, insoluble dans H^2O.

L'acide chlorhydrique réagit aussi sur la diazoacétamide en donnant le chloroacétamide.

Les halogènes donnent des éthers de l'acide acétique bisubstitué :

$$CHAz^2CO^2H + I^2 = CHJ^2 - COOC^2H^5 + Az^2.$$

Cette réaction est extrêmement nette; elle peut servir même comme un moyen pratique pour le dosage de l'azote, en employant l'iode en solution éthérée ou alcoolique froide. C'est sur cette réaction surtout que M. Curtius s'est basé pour établir la constitution de ces composés diazoïques.

La diazoacétamide fournit une réaction analogue

$$CHAz^2COAzH^2 + I^2 = CHJ^2COAzH^2 + Az^2;$$

elle s'obtient aussi par l'action de l'ammoniaque aqueuse sur l'éther diiodoacétique; elle se présente en cristaux et se sublime en partie vers 185-190° et fond à 101-102° avec décomposition.

Les corps qui ne possèdent pas un atome d'H facilement séparable réagissent plus difficilement. Néanmoins l'aniline donne l'anilido-acétate d'éthyle

$$CHAz^2CO^2C^2H^5 + C^6H^5AzH^2 = C^6H^5AzHCH^2CO^2C^2H^5 + Az^2$$

qui cristallise dans l'éther en tables pentagonales non colorées qui fondent à 58-59°; l'anilido-acétate de méthyle fond à 48°.

Les aldéhydes conduisent aux éthers β cétoniques, bien que les résultats soient plus compliqués, suivant la formule
$$CHAz^2COOR + R'COH = R'COCH^2COOR + Az^2.$$

Mais il est à remarquer que seules, les aldéhydes, dont le point d'ébullition est voisin de celui de l'éther employé, réagissent et même, dans ce cas, à une température plus élevée, deux molécules de l'éther cétonique formé réagissent sur une molécule d'aldéhyde avec élimination d'eau et formation d'un produit plus compliqué et plus difficilement isolable.

Par exemple avec l'aldéhyde benzoïque, en présence du toluène, il se produit le benzoylacétate d'éthyle

$$CHAz^2COA^2H^5 + C^6H^5COH = C^6H^5COCH^2 - CO^2C^2H^5.$$

Mais, si on chauffe simplement ces corps ensemble dans la proportion de trois molécules d'aldéhyde pour deux molécules d'éther diazoïque à une température voisine de l'ébullition, il se forme l'éther benzol-di-benzoylacétique qui résulte de l'action de l'aldéhyde sur l'éther cétonique formé suivant l'équation

$$2C^6H^5COCH^2CO^2C^2H^5 + C^6H^5COH$$

$$= \begin{array}{c} COOC^2H^5 \\ | \\ C^6H^5CO - CH \\ \diagdown \\ CHC^6H^5 + H^2O. \\ \diagup \\ C^6H^5CO - CH \\ | \\ COOC^2H^5 \end{array}$$

Les autres corps, comme les acétones, les chlorures acides, les amides, etc., réagissent difficilement ou sont sans action.

Les hydrocarbures aromatiques réagissent quelquefois à haute température, comme, par exemple,

$$C^6H^6 + CHAz^2CO^2R = C^7H^7CO^2 + Az^2.$$

Les oxydants décomposent rapidement les acides diazoïques. Le diazoacétate d'éthyle réduit la liqueur de Fehling avec un dégagement violent de gaz.

L'hydrogène naissant produit par la poudre de zinc et l'acide acétique transforme les composés diazoïques en dérivés hydraziniques et par une réduction plus prolongée en ammoniaque en régénérant le composé amidé d'où l'on est parti.

Toutes ces réactions si nombreuses sont suffisantes pour éclaircir la constitution de ces corps. Mais disons d'abord quelques mots sur les autres acides diazotés étudiés.

L'*acide diazosuccinique* ou plutôt ses éthers se préparent de la même façon en partant des éthers aspartiques. On obtient jusqu'à 50 0/0 de la quantité théorique.

Par l'ammoniaque aqueuse, ils produisent les éthers *diazosuccinamiques*, un groupe OR étant transformé en Az^2H

$$C^4H^2Az^2 \begin{cases} CO^2R \\ CO^2R \end{cases} + AzH^3 = C^4H^2Az^2 \begin{cases} COAzH^2 \\ CO^2R \end{cases} + HOR.$$

L'eau bouillante les transforme en éthers *fumariques*

$$C^4H^2Az^2 \begin{cases} CO^2R \\ CO^2R \end{cases} + H^2O = C^2H^2 \begin{cases} CO^2R \\ CO^2R \end{cases} + Az^2 + H^2O.$$

Les éthers diazosuccinamiques, à leur tour, transforment par l'action de l'eau des *éthers malamiques* et *fumaramiques*

suivant les équations

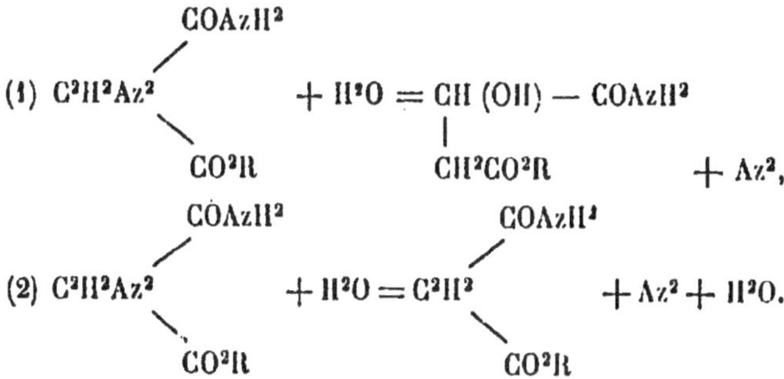

$$(1)\quad C^2H^2Az^2 \begin{smallmatrix} COAzH^2 \\ \\ CO^2R \end{smallmatrix} + H^2O = CH(OH) - COAzH^2 \;|\; CH^2CO^2R + Az^2,$$

$$(2)\quad C^2H^2Az^2 \begin{smallmatrix} COAzH^2 \\ \\ CO^2R \end{smallmatrix} + H^2O = C^2H^2 \begin{smallmatrix} COAzH^2 \\ \\ CO^2R \end{smallmatrix} + Az^2 + H^2O.$$

Les *acides organiques* se combinent à chaud aux éthers diazosuccinamiques comme aux éthers diazoacétiques avec mise en liberté de l'azote. On obtient des dérivés de l'acide malamique renfermant un radical acide, comme, par exemple :

$$C^2H^2Az^2 \begin{smallmatrix} COAzH^2 \\ \\ CO^2R \end{smallmatrix} + C^6H^5COOH = C \begin{smallmatrix} CO-AzH^2 \\ H \\ OOCC^6H^5 \\ CH^2 - CO^2H \end{smallmatrix} + Az^2.$$

Cette réaction n'a pas lieu avec les éthers diazosucciniques, aucun dérivé de l'acide fumarique ne se forme.

Les halogènes agissent sur ces mêmes composés en remplaçant les deux atomes d'azote par deux atomes d'halogène conduisant à un dérivé dissymétrique de l'acide succinamique

$$C^2H^2Az^2 \begin{smallmatrix} COAzH^2 \\ \\ CO^2R \end{smallmatrix} + I^2 = \begin{smallmatrix} CI^2 - COAzH^2 \\ \\ CH^2 - CO^2R \end{smallmatrix} + Az^2.$$

Ces deux dernières réactions surtout suffisent pour mettre en évidence la constitution de l'acide diazosuccinique.

Éther α-diazopropionique. — Le composé qui résulte de l'action de l'acide nitreux sur le chlorhydrate de l'éther éthylique de l'alanine est instable. On a pu d'ailleurs retirer deux corps, l'un bouillant à 80-86° sous la pression de 120 millimètres que l'auteur nomme *éther dioxypropionique*, et l'autre fondant vers 95° qu'il donne sous le nom d'*éther azoxypropionique*, et auxquels il attribue les formules

$$CH^3 \quad O \quad CH^3$$
$$C^2H^5CO^2 - C\,(OH) \qquad C\,(OH)\,CO^2C^2H^3$$

et

$$CH^3 \qquad \qquad CH^3$$
$$C^2H^5CO^2 - CH \qquad O \qquad CH - CO^2C^2H^5,$$
$$Az \longrightarrow Az$$

Il suppose que ce dernier dérive de l'éther α-diazopropionique

$$CH^3$$
$$\begin{array}{c} | \quad Az \\ C \quad \| \\ | \quad Az \end{array}$$
$$CO^2C^2H^5$$

par fixation d'eau :

$$2CH^3CAz^2CO^2C^2H^5 + H^2O = C^{10}H^{18}Az^2O^5 + Az^2$$

et que celui-ci mène au premier par fixation d'oxygène

$$C^{10}H^{18}Az^2O^5 + O^2 = C^{10}H^8O^7 + Az^2.$$

Les recherches ne sont pas d'ailleurs complètes sur ce point.

Le nombre des composés de substitution qui peuvent être obtenus avec les acides diazoïques gras et leurs dérivés est extraordinairement grand. Des produits difficilement préparables par d'autres moyens, par exemple l'acide asymétrique diiodosuccinique, s'obtiennent facilement ainsi.

Constitution des composés diazoïques gras. — La constitution de ces corps apparaît nettement si on se rapelle surtout la manière de réagir des halogènes et de l'hydrogène naissant.

Nous avons vu que, par l'action de l'iode sur l'éther diazo-acétique, il se forme de l'acide acétique biiodé avec mise en liberté de l'azote total

$$CHAz^2CO^2H + 2I = CHJ^2COOH + Az^2.$$

Il résulte de là que, dans la molécule de l'acide diazoacétique, les deux atomes d'azote agissent comme un radical diatomique, c'est-à-dire qu'ils échangent entre eux deux atomicités, et chacun se trouve en même temps réuni par l'autre atomicité au même atome de carbone. La constitution de l'acide diazoacétique est donc

$$CH\diagdown\!\!\diagup \begin{array}{c} Az \\ \| \\ \| \\ Az \end{array} - CO^2H.$$

Toutes les réactions que nous avons examinées s'accordent avec cette formule.

L'acide diazosuccinique peut avoir deux formules de constitution. Cet acide se prépare, comme on le sait, en partant

du nitrite de l'acide aspartique par perte de deux molécules
d'eau :

$$\text{AzO}^2\text{H} - \text{AzH}^2\text{CH} - \text{CO}^2\text{H}$$
$$| \qquad\qquad - 2\text{H}^2\text{O}.$$
$$\text{CH}^2 - \text{CO}^2\text{H}$$

Or la séparation de l'eau peut se faire de deux manières
différentes :

1° Aux dépens des premier et deuxième termes carbonés
de l'acide aspartique, conduisant à la formule

$$\text{Az} - \text{CH} - \text{COOH}$$
$$\| \quad |$$
$$\text{Az} - \text{CH} - \text{COOH}$$

Acide *diazosuccinique symétrique*

2° Aux dépens du premier terme seulement, menant à cette
autre formule

$$\text{Az}$$
$$\|\big\rangle \text{C} - \text{CO}^2\text{H}$$
$$\text{Az}$$
$$\text{CH}^2 - \text{CO}^2\text{H}$$

Acide *diazosuccinique asymétrique*

La réduction de l'acide diazosuccinique par l'hydrogène
naissant tranche la question. Il se forme de l'acide aspartique
et de l'ammoniaque, comme nous l'avons indiqué ; ce qui
prouve qu'il possède la forme asymétrique, les deux atomes
d'azote fonctionnant comme (Az $=$ Az)″ et étant reliés au
même carbone.

La formule symétrique donnerait dans les mêmes conditions
un acide diamidosuccinique ou tout au plus deux molécules

d'acide diamidoacétique, mais pas d'ammoniaque. Il est probable que tous les autres acides diazoïques résultant des acides gras amidés ont une constitution analogue. On peut dire qu'ils

sont caractérisés par le radical bivalent $\left(\begin{matrix} Az \\ C \, \| \\ Az \end{matrix}\right)''$ et peuvent

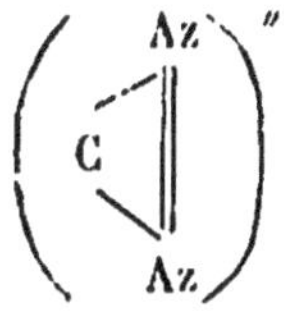

être définis comme acides gras dans lesquels deux atomes d'hydrogène d'un méthyle ou d'un méthylène sont remplacés par deux atomes d'azote doublement unis.

Les acides diazoïques ne sont stables qu'à l'état de sel, d'éther ou d'amide, c'est-à-dire que lorsqu'ils ne contiennent plus de carboxyle libre. Il n'y a que les combinaisons triazoïques qui puissent exister à l'état de liberté.

Au point de vue de la constitution, ces composés sont différents de ceux de la série aromatique, dans le sens que les deux atomes d'azote de ces derniers ne sont jamais reliés au même carbone. M. Curtius propose de les appeler des *diazoïques internes*.

COMBINAISONS TRIAZOIQUES

Acide triazoacétique. — Nous avons dit que, lorsqu'on traite l'éther diazoacétique par les alcalis en solution aqueuse concentrée et chaude, il se forme le sel alcalin d'un acide azoté qui se distingue des acides azotés normaux par les caractères suivants :

1° Il peut exister à l'état de *liberté ;*

2° Bouilli avec de l'eau, surtout en présence d'un acide, il

perd son azote à l'état d'*hydrazine*. C'est l'acide triazoacétique, polymère de l'acide diazoacétique, qui se forme suivant l'équation

$$3CHAz^2CO^2C^2H^5 + 3NaOH = 3C^2H^5OH + C^6H^3Az^6Na^3O^6.$$

PRÉPARATION. — Pour le préparer on dissout 80 grammes
de soude dans 120 grammes d'eau, on chauffe la solution au
bain-marie et on y ajoute, peu à peu et en agitant, 50 grammes
d'éther diazoacétique. Tout d'abord il n'y a pas de réaction,
mais bientôt celle-ci commence avec violence et il se dépose
une masse jaunâtre demi-solide ; la réaction marche ensuite
d'elle-même sans qu'il soit nécessaire d'élever la température.
Il ne se dégage que très peu d'azote. Après refroidissement, on
ajoute de l'alcool à 95 0/0 et on agite le tout. Il se dépose
une substance qui prend peu à peu une structure cristalline ;
on la lave plusieurs fois à l'alcool où elle est complètement
insoluble, puis à l'éther. On obtient de petites aiguilles d'un
jaune clair, constituant le sel de sodium d'un nouvel acide.

On isole ensuite l'acide en décomposant par l'acide sulfurique (200 grammes) le sel de sodium (100 grammes) dissous
dans l'eau (450 grammes). On agite et on laisse en contact
pendant douze heures. L'acide se dépose en lamelles brillantes, d'un jaune orangé foncé, ayant pour formule

$$(CHAz^2CO^2H)^3 + 3H^2O.$$

Cet acide est presque insoluble dans l'eau froide, un peu soluble dans l'eau chaude, mais avec décomposition partielle ;
très soluble dans l'alcool froid et absolu, l'acool bouillant le
décompose rapidement. Il est insoluble dans l'éther, le chloroforme, la benzine, le sulfure de carbone. Il fond à 152° et se

détruit à 155°; l'iode ne l'attaque pas. Il forme des sels cristallisés, comme, par exemple, le sel de potassium en prismes orangés, le sel d'ammonium en longues aiguilles, le se d'argent insoluble, etc.

Les éthers peuvent être préparés par l'action des iodures alcooliques sur le sel d'argent en présence de la benzine ; ils sont beaucoup plus stables que l'acide libre ; l'eau bouillante ne les attaque pas.

Triazoacétamide $C^3H^3Az^6$ $(COAzH^2)^3$, **polymère de la diazoacétamide.** — Une solution alcoolique d'ammoniaque réagit sur l'éther triazoacétique en donnant une certaine quantité de triazoacétamide, qui se présente alors sous la forme d'une poudre cristalline d'un jaune vif. Le même composé se forme, comme nous l'avons vu, en même temps qu'une certaine quantité de diazoacétamide par l'action d'une solution aqueuse concentrée d'ammoniaque sur l'éther diazoacétique, à la température du bain-marie; dans ce cas, il forme de belles lamelles insolubles dans l'eau et dans les acides dilués, infusibles à 301°. L'iode ne l'attaque pas; avec les acides étendus, il forme de l'hydrazine et donne avec l'acide nitreux une coloration carmin comme l'acide triazoacétique.

Triazimido-acétamide C^3HAz^4 $(AzH)^2$ $(COAzH^2)^3$. — C'est ici le lieu de placer le corps qui s'obtient seulement sous l'influence du froid intense de l'hiver, dans l'action d'une solution aqueuse et très concentrée d'ammoniaque sur l'éther diazoacétique et que l'auteur a décrit d'abord sous le nom de pseudo-diazoacétamide. C'est un corps tout à fait différent de la triazoacétamide, bien qu'il ait la même composition centésimale, c'est-à-dire qu'il est le trimère de la diazoacétamide. Pour l'obtenir, on refroidit une solution aqueuse concentrée de son sel ammoniacal; en l'acidulant par l'acide acétique, on voit se déposer une poudre cristalline jaune d'or.

Il détone à 132-133° avec dégagement d'acide cyanhydrique; il se comporte comme un acide bibasique fort, deux H pouvant être remplacés par des métaux. Comme ce corps ne contient pas de carboxyle libre, il est très probable que ce sont les deux H de deux groupes imides qui déterminent cette propriété acide, et c'est pour cela que l'auteur propose de l'appeler plutôt *triazimidoacétamide*.

Il se décompose par ébullition avec les acides minéraux étendus en donnant de l'acide carbonique et le sel de l'hydrazine; c'est sa propriété la plus remarquable. Avec une solution étendue de lessive de soude ou à l'ébullition avec de l'eau de baryte, il dégage de l'ammoniaque, et en même temps il se dépose un sel de la base employée. L'iode l'attaque difficilement. Il colore la liqueur de Fehling à froid en un vert vif; la diazoacétamide donne une coloration rouge. Ne réduit qu'à l'ébullition les sels d'argent et de mercure. Avec l'acide nitreux, il donne une coloration carmin analogue.

Les sels sont en partie insolubles. Le sel ammoniacal C^3HAz^4 $(Az — AzH^4)^2$ $(COAzH^2)^3$ forme de longues aiguilles, d'un jaune citron, peu solubles; le sel d'argent

$$C^3HAz^4 \ (Az — Ag)^2 \ (COAzH^2)^3$$

est un volumineux précipité jaune d'œuf, qui se réduit par ébullition avec l'eau, etc.

Action de la chaleur sur l'acide triazoacétique. — Si on chauffe ce corps à 60°, il perd son eau et en même temps il se décompose en dégageant de l'acide carbonique. A 100°, après soixante heures de chauffe, l'élimination de CO^2 est complète et il reste une substance blanche cristallisant, par précipitation de sa solution alcoolique avec l'éther, en prismes incolores, ayant pour formule $C^3H^6Az^6$, polymère de la cyanamide. La décomposition a lieu suivant l'équation

$$C^3H^3Az^6 (CO^2H) = 3CO^2 + C^3H^6Az^6.$$

On l'a appelée *triméthinetriazimide*. Ce corps fond à 78° et n'est pas altéré à 180° ; il est hygroscopique, soluble à chaud dans l'alcool absolu, insoluble dans l'éther et dans le chloroforme ; il présente une réaction faiblement acide, colore en vert la liqueur de Fehling et se décompose par l'ébullition avec les acides et les alcalis concentrés en ammoniaque et acide cyanhydrique. Il se combine avec deux ou trois molécules de sel métallique, de nitrate d'argent ($C^3H^6Az^6 + 2AzO^3Ag$), de bichlorure de mercure ($C^3H^6Az^6 + 3HgCl^2$) cristallisant en lamelles.

L'action des alcalis concentrés sur l'acide triazoacétique conduit de même à un composé de la forme $(CH^2Az^2)^x$; mais l'élimination de CO^2 peut être successive. MM. Curtius et Zang ont réussi une fois à obtenir le composé $C^3H^4Az^6 (CO^2H)^2$ en faisant bouillir le triazoacétate de potassium (30 grammes) avec de la lessive de potasse (1,130 grammes à 50 0/0) jusqu'à dissolution complète. On précipite par l'alcool, et le sel qu'on obtient est décomposé par la quantité strictement nécessaire d'acide sulfurique. Il résulte de la réaction une poudre cristalline blanche peu soluble dans l'eau chaude, fusible à 17° avec perte de CO^2. Chauffé plus longtemps à ce point, il se convertit en un composé isomérique avec la triméthinetriazimide et auquel les auteurs attribuent la formule $C^3H^6Az^6$, car il forme avec le nitrate d'argent le même composé

$$C^3H^6Az^6 + 2AzO^3Ag ;$$

mais il diffère de son isomère par son point de fusion, 145° au lieu de 78° et par sa cristallisation en rosettes.

Les *alcalis dilués* décomposent lentement à froid l'acide triazoacétique, mais à chaud l'élimination de l'acide carbonique est totale et, si on distille ensuite dans un courant de vapeur d'eau la solution rendue légèrement acide, il passe un produit alcalin ayant l'odeur de l'acide cyanhydrique et qui donne avec le nitrate d'argent une poudre cristalline ayant pour composition $(CAz^2Ag^2)^x$, et avec le chlorure mercurique une poudre amorphe qui a pour formule $(CH^2Az^2)^3 + HgCl^2$.

Le même composé $(CH^2Az^2)^x$ se produit à côté d'une petite quantité de triazoacétamide par l'action prolongée (seize heures) de l'ammoniaque en solution aqueuse concentrée et bouillante sur l'éther triazoacétique. — La base libre n'a pas été isolée.

L'action de la chaleur et des alcalis sur l'acide triazoacétique conduit à trois isomères ayant la composition simple de la cyanamide CAz^2H^2, dont ils se distinguent d'ailleurs complètement. Leur grandeur moléculaire est $(CH^2Az^2)^3 = C^3H^6Az^6$, comme il résulte, d'après M. Curtius, de la nature de leurs sels doubles.

L'*action des acides* sur l'acide triazoacétique est particulièrement intéressante. Elle mène à la formation de l'hydrazine, comme l'indique l'équation

$$C^3H^3Az^6 (COOH)^3 + 6H^2O = 3CO^2 + 3HCOOH + 3Az^2H^4.$$

Cette réaction sera étudiée avec plus de détail quand nous parlerons de l'hydrazine.

L'acide triazoacétique, maintenu à 0° et soumis à l'action de vapeurs nitreuses dégagées au moyen de l'acide nitrique et de l'acide arsénieux, se transforme en lamelles d'un rouge carmin, ayant la composition d'un acide *triazooxyacétique* $C^3H^3Az^6O^3 (CO^2H)^3$.

C'est un corps qui détone à 140° et qui se dissout dans les alcalis en formant des solutions orangées, d'où les acides le précipitent sans altération.

Quelle est maintenant la constitution de ces corps qu'on vient d'examiner. — La grandeur moléculaire de l'acide triazoacétique déterminée par la méthode de M. Raoult, en employant le benzène comme dissolvant, conduit à ce fait que l'acide triazoacétique a un poids moléculaire triple de l'acide diazoacétique. L'action de la potasse caustique sur l'éther diazoacétique n'ajoute par conséquent à la molécule de ce dernier acide aucun nouvel élément. Les choses se passent comme si trois molécules d'acide diazoacétique s'unissaient ensemble pour former un acide tricarbonique

$$3 (CHAz^2COOH) = C^3H^3Az^6 \begin{cases} COOH \\ COOH, \\ COOH \end{cases}$$

qui cristallise avec deux ou trois molécules d'eau.

Comment se fait la liaison de ces trois molécules?

Une première hypothèse conduit à admettre que le groupe diazoté $(Az = Az)''$ d'une molécule d'acide diazoacétique se sépare par une de ses atomicités de l'atome de carbone auquel il est relié et va s'unir au groupe méthine d'une deuxième

molécule d'acide ; le groupe $(Az = Az)''$ de la troisième molécule viendra en dernier lieu s'unir au groupe méthine de la
première molécule d'acide.

Les schémas suivants rendent plus claire cette hypothèse :

$$
\begin{array}{cccccc}
CO^2H & CO^2H & CO^2H & CO^2H & CO^2H & CO^2H \\
| & | & | & | & | & | \\
(1)\,CH & CH & CH = CH & & CH & CH \\
\end{array}
$$

$$Az = Az \quad Az = Az \quad Az = Az \quad Az \qquad Az = Az \qquad Az = Az \qquad Az$$

L'acide triazoacétique constituerait, suivant cette hypothèse, l'acide tricarbonique d'une chaîne à neuf termes qu'on
peut réduire à six, c'est-à-dire à un noyau hexagonal formé
de trois groupes de méthylène et trois groupes d'azote doublement uni $(Az^2)''$, noyau que M. Curtius appelle *triazométhy-
lène;* l'acide triazoacétique deviendrait l'acide *triazotrimé-
thylènetricarbonique* ayant pour constitution :

$$
\begin{array}{ccc}
 & CH^2 & \\
Az^2 & & Az^2 \\
 & & \\
CH^2 & & CH^2 \\
 & Az^2 &
\end{array}
\quad + 3CO^2 =
\begin{array}{ccc}
 & \overset{\displaystyle COOH}{\underset{|}{CH}} & \\
Az^2 & & Az^2 \\
CO^2OH - CH & & CH - COOH \\
 & Az^2 &
\end{array}
$$

On peut ainsi supposer que les trois molécules d'acide diazoacétique se condensent en formant une chaîne ouverte par
déplacement de deux atomes d'hydrogène de deux groupes

méthine aux atomes d'azote extrêmes :

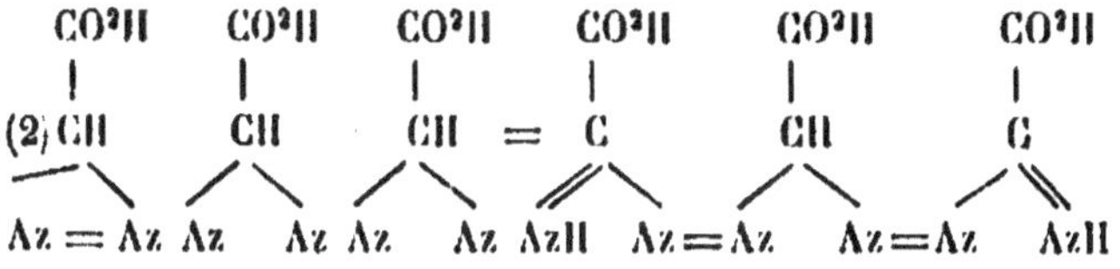

$$
\begin{array}{cccccc}
CO^2H & CO^2H & CO^2H & CO^2H & CO^2H & CO^2H \\
| & | & | & | & | & | \\
(2)\,CH & CH & CH = C & & CH & C \\
\end{array}
$$

Az = Az Az   Az Az   Az AzH   Az = Az   Az = Az   AzH

Ce serait un acide tricarbonique qu'on pourrait appeler *triazimidoacétique*.

M. Curtius adopte la première formule de constitution comme étant plus d'accord avec la généralité des faits. D'après cette formule, deux atomes d'azote sont unis à deux carbones différents, ce qui rapproche l'acide triazoacétique des dérivés diazoïques aromatiques ; et, en fait, cet acide et ses dérivés jouissent de propriétés tinctoriales. Il forme, par l'action de l'acide nitreux, l'acide triazooxyacétique qui possède une coloration rouge carmin très intense, il y a par conséquent dans ce corps une combinaison grasse azoïque dans le sens des combinaisons azoïques aromatiques.

L'acide triazoacétique perd la totalité de son azote à l'état d'hydrazine (action des acides) ; en même temps, il se forme de l'acide formique et de l'acide carbonique, qui proviennent de la décomposition de l'acide oxalique ; les éthers de l'acide triazoacétique donnent en effet de l'hydrazine et un éther oxalique. Cette réaction est complètement d'accord avec la formule donnée :

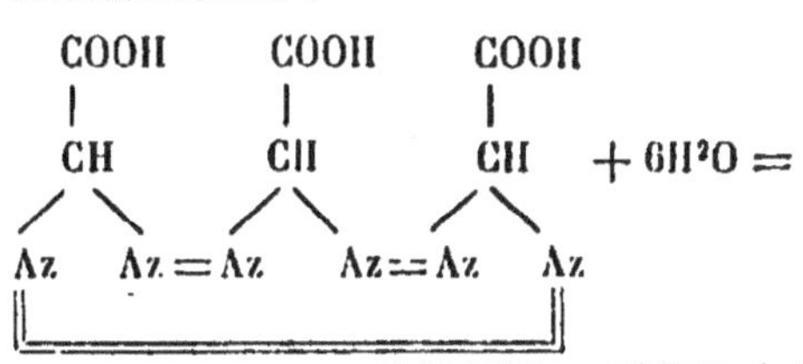

$$
\begin{array}{ccc}
COOH & COOH & COOH \\
| & | & | \\
CH & CH & CH \\
\end{array}
\quad + \; 6H^2O =
$$

Az   Az = Az   Az = Az   Az

$$
3\,(COOH - COOH) + 3\,(AzH^2 - AzH^2).
$$

L'existence d'une chaîne fermée semble ressortir aussi de ces faits: 1° que, dans l'action des alcalis sur l'acide triazoacétique, l'azote ne s'élimine pas mais reste uni au carbone sous la forme d'un isomère ou polymère de la cyanamide (CH^2Az^2); le triazotriméthylène se diviserait en trois parties :

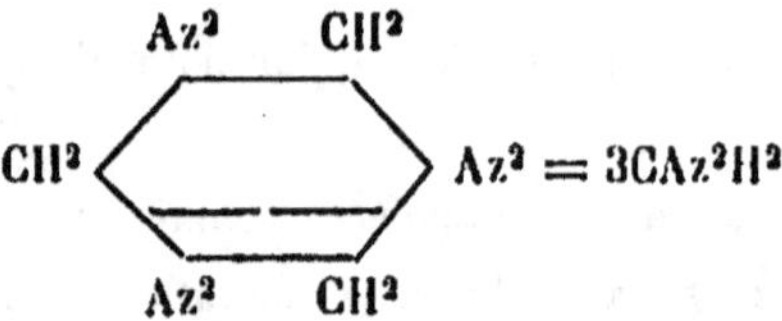

mais cette base forme le sel double $3CAz^2H^2 + HgCl^2$, ce qui conduirait à admettre pour elle une grandeur moléculaire triple $C^3Az^6H^6$.

2° Qu'il existe un acide dicarbonique : $C^3H^4Az^6 \begin{cases} COOH \\ COOH \end{cases}$ qui conduit à un composé $C^3H^6Az^6$ tout à fait différent de celui résultant de l'action de la chaleur sur l'acide triazoacétique.

Quand on chauffe l'acide triazoacétique, il se forme bien le corps $C^3H^6Az^6$ qui a la composition du triazotriméthylène. Mais M. Curtius pense que ce n'est pas le même corps, pour la raison qu'un tel corps devrait être coloré, tandis que celui-ci est complètement blanc. Il lui donne comme formule de constitution

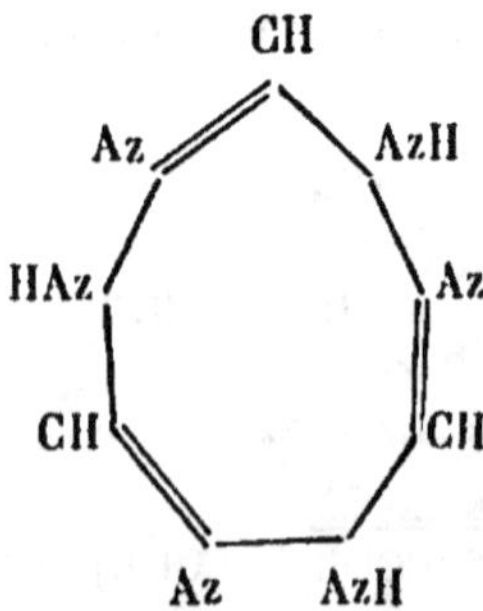

en admettant que l'hydrogène de chaque groupe carboxyle
va non pas au groupe méthine voisin, mais plus loin à l'atome
double d'azote où il détermine une rupture de liaison. C'est à
cause de cette constitution qu'il a appelé le corps $C^3H^6Az^6$
triméthinetriazimide.

Le seul fait que cette formule de l'acide triazoacétique ne
peut expliquer, c'est la constitution de la pseudo-diacétamide,
isomère de la triazoacétamide, dont elle se distingue notamment
par son caractère d'acide bibasique, deux hydrogènes étant
remplaçables par des métaux lourds. Ce corps ne possédant
pas de carboxyle, et le remplacement ne pouvant avoir lieu
dans les groupes $COAzH^2$, il faut nécessairement admettre
qu'il existe dans sa molécule deux groupes AzH. La formule
de ce corps serait :

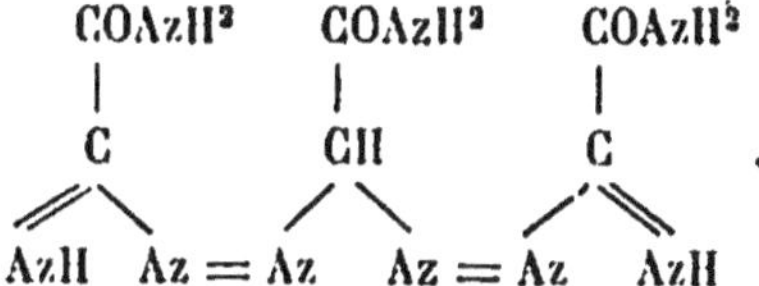

Il constituerait la triazimidoacétamide, l'amide de l'acide
triazimidoacétique, c'est-à-dire que, dans ce cas, la condensation de l'acide diazoacétique se ferait suivant la deuxième
hypothèse.

L'hydrazine et ses dérivés. — On prévoyait depuis
longtemps l'existence de la diamide $AzH^2 — AzH^2$, d'autant
plus qu'on connaissait un composé analogue du phosphore,
l'hydrogène phosphoré liquide $PH^2 — PH^2$, de même que
pour l'arsenic on avait l'exemple d'un pareil groupement dans
la diméthylarsine $(CH^3)^2As — As (CH^3)^2$.

C'est de ce composé qu'on a fait dériver les hydrazines

déjà connues par substitution de un ou deux radicaux différents à un ou deux atomes d'hydrogène. A cette époque
M. E. Fischer est arrivé à transformer par hydrogénation le
groupe $(Az = Az)''$ caractéristique des combinaisons azoïques
et diazoïques en un groupe diamide ; mais ce groupe reste
toujours uni au moins à un radical phényle ou éthyle, etc.,
de sorte qu'on ne peut pas aller plus loin pour séparer de ces
combinaisons l'hydrazine elle-même sans décomposition.

C'est M. Curtius qui obtint pour la première fois ce corps,
ou plutôt son hydrate $Az^2H^4H^2O$.

On a déjà vu que l'hydrazine se forme par l'action des
acides minéraux sur l'acide triazoacétique. La réaction théorique est la suivante :

$$C^3H^3Az^6 (CO^2H^3) + 6H^2O = 3Az^2H^4 + 3 (COOH - COOH).$$

Mais par une décomposition ultérieure de l'acide oxalique,
il se forme de l'acide carbonique et de l'acide formique. La
décomposition est d'autant plus avancée que l'acide employé
est plus concentré et la température plus élevée. L'hydrazine
reste à l'état de sel de l'acide employé ou, si la décomposition
se fait par l'eau, à l'état de formiate. On peut obtenir aussi
l'hydrazine par réduction de l'éther diazoacétique en solution
éthéroacétique, au moyen de la poudre de zinc, ou en solution
alcaline avec la même poudre ou avec l'aluminium en
feuilles ; il y a d'abord formation de l'éther de l'acide
hydrazine-acétique qui se dédouble en hydrazine et éther
acétique pour une faible partie, la majeure partie se séparant
en AzH^3 et $AzH^2.COOR$. Les rendements sont très faibles.

L'hydrazine se forme encore dans l'action des acides minéraux étendus sur les composés d'addition formés par l'éther

diazoacétique avec les éthers des acides non saturés (fumarique, cinnamique, etc.) :

$$C^3H^3Az^3 (CO^2H)^3 + 2H^2O = Az^2H^4 + C^2H^4 (CO^2H)^2 + 2CO^2.$$

M. Curtius pense que la constitution de ces produits d'addition pourrait être

$$
\begin{matrix}
& Az & CHCOOH & & Az-CHCOOH \\
& \diagup \| & \| & & \diagup \mid & \mid \\
COOH.CH & \| + & \| & = COOH.CH & \mid & \mid \\
& \diagdown \| & \| & & \diagdown & \mid \\
& Az & CHCOOH & & Az - CHCOOH
\end{matrix}
$$

ce qui expliquerait la formation de l'acide succinique.

L'hydrazine se forme encore dans d'autres circonstances, mais le procédé le plus avantageux de préparation de l'hydrazine est la décomposition de l'acide triazoacétique par ébullition avec les acides minéraux.

Préparation. — On chauffe au bain-marie 245 grammes d'acide triazoacétique avec 2 litres d'eau et 300 grammes d'acide sulfurique concentré, jusqu'à dissolution complète. On maintient le mélange à une douce chaleur jusqu'à ce qu'il ne se dégage plus de CO^2. La liqueur, qui a pris une coloration foncée, laisse par refroidissement déposer le sulfate d'hydrazine en cristaux incolores. On filtre sur du coton de verre, et on lave plusieurs fois à l'eau froide. Les eaux mères renferment encore une certaine quantité d'hydrazine; par concentration on obtient une nouvelle cristallisation de sulfate; mais il ne faut pas prolonger trop longtemps la chauffe, car on risquerait de détruire l'hydrazine; les dernières parties, on les enlève par agitation avec l'aldéhyde benzoïque, à l'état de benzylidène-azine, qui régénère l'hydrazine par l'action de l'acide sulfurique étendu. Le sulfate est purifié par cristallisation dans l'eau. Le rendement de cette opération est d'environ 90 0/0.

L'hydrazine a été obtenue par MM. Curtius et Jay [1] dans une autre réaction qui présente un certain intérêt au point de vue théorique, bien que les rendements soient très faibles.

En faisant réagir l'acide nitreux sur l'aldéhydate d'ammoniaque, M. Curtius espérait arriver au diazocarbinol

$$CH^3CH\begin{smallmatrix}OH\\ \\AzH\end{smallmatrix} + AzO^2H = 2H^2O + CH^3C\begin{smallmatrix}OH\\ \\Az\\ \|\\ Az\end{smallmatrix}$$

de même qu'il était arrivé à l'acide diazoacétique en partant du glycocolle. — Il ne put obtenir ce corps, mais il arriva à une base liquide, à odeur de camphre, dont il ne put établir d'abord la constitution.

Après la découverte de l'hydrazine, il a repris cette question avec M. Jay et ils sont parvenus à l'élucider. Ils ont remarqué d'abord que, dans cette réaction, il y avait des phénomènes de polymérisation avec formation de dérivés de la paraldéhyde dont la formule peut s'écrire de la sorte :

$$C^3H^{10}O^2C\begin{smallmatrix}H\\ \\O\end{smallmatrix} = 3\,(CH^3CHO).$$

[1] *Ber.*, XXIII, p. 740.

La base qui se forme par l'action de l'acide nitreux sur l'aldéhydate d'ammoniaque a pour formule $C^6H^{12}Az^2O^3$. La réaction peut se représenter par

$$3CH^3 - \overset{\displaystyle H}{\underset{\displaystyle AzH^2}{C}} - OH + AzO^2H = 2H^2O + 2AzH^3 + C^6H^{12}Az^2O^3$$

Cette base traitée par l'acide chlorhydrique étendu forme le chlorhydrate cristallisé d'une nouvelle base $C^6H^{13}AzO^2HCl$:

$$C^6H^{12}Az^2O^3 + HCl + H^2O = AzO^4H + C^6H^{13}AzO^2HCl.$$

Or la base $C^6H^{13}AzO^2$, qu'on isole de ce sel, ne diffère de la paraldéhyde C^6H^2O que par la substitution de AzH à l'oxygène. On peut l'écrire :

$$C^6H^{13}AzO^2 = C^5H^{11}O^2C \overset{\displaystyle H}{\underset{\displaystyle AzH}{\diagup}}$$

On a appelé cette base *paraldimine*; c'est un liquide qui bout à 140°; il est peu soluble dans l'eau qui le décompose en ammoniaque et paraldéhyde :

$$C^5H^{11}O^2C \overset{\displaystyle H}{\underset{\displaystyle AzH}{\diagup}} + H^2O = C^5H^{11}O^2C \overset{\displaystyle H}{\underset{\displaystyle O}{\diagup}} + AzH^3$$

Son chlorhydrate cristallise en petites aiguilles.

Si on traite le chlorhydrate de la paraldimine par le nitrite de sodium, on obtient le même dérivé nitrosé qui se forme par l'action de l'acide nitreux sur l'aldéhydate d'ammoniaque. C'est la *nitrosoparaldimine* dont la formule peut s'écrire :

$$C^5H^{11}O^2C \diagup^{H} - AzHHCl + AzOONa = C^5H^{11}O^2C \diagup^{H}_{\diagdown Az - AzO} + H^2O + NaCl.$$

Il y a donc d'abord polymérisation de l'aldéhydate d'ammoniaque sous l'influence de l'acide nitreux et ensuite formation de la nitrosoparaldimine

$$3CH^3C \diagup^{H}_{\diagdown AzH^2} - OH + AzOOH = C^5H^{11}O^2C \diagup^{H}_{\diagdown AzAzO} + 2H^2O + 2AzH^3$$

Cette base bout vers 170° avec décomposition et distille à 95° sous la pression de 35 millimètres. L'hydrogène naissant produit par un mélange de zinc et d'acide acétique la réduit en *amidoparaldimine* ou *paraldylhydrazine*

$$C^5H^{11}O^2C \diagup^{H}_{\diagdown Az - AzO} + 2H^2 = C^5H^{11}O^2C \diagup^{H}_{\diagdown Az - AzH^2} + H^2O.$$

base fortement alcaline qui forme avec l'acide chlorhydrique un sel cristallisé très hygroscopique. Cette base (ou son chlorhydrate), bouillie avec de l'acide sulfurique étendu, se dédouble en hydrazine et paraldéhyde

$$\begin{array}{c} C^5H^{11}O^2C \diagdown^H \\ \diagdown\diagdown \end{array} Az.AzH^2 + H^2O = C^5H^{11}O^2C \diagup^H_{\diagdown\diagdown O} + Az^2H^4.$$

On sépare l'hydrazine à l'état de benzylidène-azine.

La décomposition par l'acide chlorhydrique peut alors s'exprimer par:

$$C^5H^{11}O^2C \diagup^H AzAzO + HCl + H^2O = C^5H^{11}O^2C \diagup^H AzOOH$$
$$AzH.HCl$$

et ce sel par l'action de l'eau donne:

$$C^5H^{11}O^2C \diagup^H AzH.HCl + H^2O == C^5H^{11}O^2C \diagup^H_{\diagdown O} + AzH^4Cl$$

réaction qui a lieu avec la nitrosamine:

$$C^5H^{11}O^2C \diagup^H_{\diagdown AzAzO} + 2H^2O =: C^5H^{11}O^2C \diagup^H_{\diagdown\diagdown O} + AzH^4AzO^2.$$

Sels d'hydrazine. — L'hydrazine se combine à une ou deux molécules d'acide monobasique ; elle forme des sels très stables qui possèdent des propriétés fortement réductrices, même en solutions acides ; elle ne donne que de l'azote et de l'eau, propriété qui peut les faire employer avec quelque avantage dans les recherches analytiques. Ces sels chauffés à haute température se décomposent en sel d'ammonium, Az et H ; seul, le sulfate se montre peu soluble dans l'eau froide et peut servir à caractériser l'hydrazine. Dans l'alcool, ces sels sont peu ou pas solubles. Ils cristallisent facilement et paraissent isomorphes avec les sels correspondants de l'ammonium. Ainsi (Az^2H^4) HCl donne par cristallisation rapide la forme du AzH^4Cl en plumes. — Traités par les nitrites, ces sels se décomposent avec dégagement gazeux.

M. Curtius a préparé les sels suivants :

$$AzH^2 — HCl$$
Le *dichlorhydrate* $|$ en octaèdres fusibles à 198°
$$AzH^2 — HCl$$

avec dégagement d'acide chlorhydrique et formation de monochlorhydrate. A 240°, il se transforme en AzH^4Cl avec dégagement d'azote et d'hydrogène :

$$2 (Az^2H^4.2HCl) = 2 Az\ H^4Cl + Az^2 + H^2 + 2HCl.$$

Le *monochlorhydrate* $AzH^2 — AzH^2HCl$ dérive du précédent et se présente en aiguilles fusibles à 89° et se décompose comme l'autre à 240°.

$$AzH^2$$
Le *sulfate* $|$, en tables ou prismes aplatis
$$AzH^2 — H^2SO^4$$

peu solubles dans l'eau froide ; on peut utiliser cette propriété pour précipiter l'hydrazine de ses combinaisons solubles. Il fond à 254° avec perte de gaz; chauffé brusquement, il se décompose en $(AzH^4)^2SO^3$, SO^2, H^2S et S.

Le *formiate* s'obtient directement dans la décomposition de l'acide triazoacétique par l'eau; il cristallise en petites aiguilles ou en lamelles rectangulaires; il fond à 128° avec décomposition.

Le *carbonate* est déliquescent; l'*acétate* est une masse cristalline; l'*oxalate*, le *nitrate* sont également cristallisés.

L'hydrate d'hydrazine AH^2 — AzH^3OH. — L'hydrazine à l'état anhydre est difficile à obtenir, car dans toute réaction, pour la faire sortir de ses sels, il y a toujours formation d'eau. En distillant un sel d'hydrazine avec de la baryte caustique, on ne peut obtenir qu'un mélange d'hydrazine et d'hydrate. D'après M. Curtius, l'hydrazine serait un gaz ou du moins un liquide extrêmement volatil, possédant pour l'eau une avidité extraordinaire. Sa composition résulte de la détermination de la grandeur moléculaire de ses trois combinaisons avec l'aldéhyde, comme aussi du fait de la formation d'un mono-chlorhydrate.

L'hydrate s'obtient plus commodément en distillant du sulfate d'hydrazine avec de la potasse concentrée. L'opération doit se faire dans un appareil d'argent, car l'hydrate d'hydrazine bouillant attaque le verre, le caoutchouc et le liège. On retire ensuite l'hydrate de son mélange avec l'eau par distillation fractionnée.

Cet hydrate est un liquide fumant à l'air, bouillant à 119° sans décomposition; sa saveur est alcaline et brûlante; il produit au contact de l'acide chlorhydrique gazeux des fumées blanches comme l'ammoniaque; il est très caustique et constitue un antiseptique puissant. Il possède des propriétés

extrêmement réductrices et serait le réducteur le plus énergique que nous connaissions. Il réduit à chaud en solution
neutre le chlorure platinique à l'état métallique ; en solution
acide, il le transforme en chlorure platineux ; il réduit les sels
d'argent en morceaux brillants d'aspect cristallin, la liqueur
de Fehling avec miroir de cuivre et précipite l'alumine de
ses sels ; il détone avec l'acétone, la quinine, l'oxyde de
mercure, etc.

Sa constitution peut être $AzH^2 - AzH^3OH$ ou

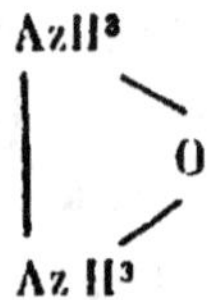

L'existence d'un monochlorhydrate et ce fait que ce sel ne
contient pas d'eau de constitution ont décidé M. Curtius à
adopter la première formule.

Une des propriétés importantes de l'hydrazine, c'est l'action sur les aldéhydes et les acétones qui est analogue à celle
des hydrazines substituées.

Avec les *aldéhydes*, la condensation se fait entre une molécule d'hydrazine et deux molécules d'aldéhyde avec élimination de deux molécules d'eau suivant l'équation générale :

$$2R''O + \begin{matrix} AzH^2 \\ | \\ AzH^2 \end{matrix} = \begin{matrix} Az = R'' \\ | \\ Az = R'' \end{matrix} + 2H^2O.$$

La réaction peut se faire soit avec l'hydrate d'hydrazine,
soit avec ses sels. Ces combinaisons sont peu solubles dans
l'eau, plus ou moins solubles dans l'alcool et l'éther qui les

laissent déposer à l'état de cristaux. L'eau chaude ne les décompose pas; elles sont insolubles dans les acides étendus et les alcalis, mais elles sont décomposées par ébullition avec les acides; elles se décomposent quantitativement en aldéhyde et hydrazine par une réaction inverse :

$$
\begin{array}{l}
Az = R'' \\
\;\;\mid \\
Az = R'' + 2H^2O = AzH^2 + 2R''O \\
\qquad\qquad\qquad\quad\; \mid \\
\qquad\qquad\qquad\; AzH^2
\end{array}
$$

MM. Curtius et Jay ont surtout préparé ces combinaisons avec les aldéhydes aromatiques et ils appellent ces corps *azines*.

La benzilidène-azine $Az^2 (CH - C^6H^5)^2$, qui résulte de la combinaison avec l'aldéhyde benzoïque, cristallise en longs prismes brillants, d'un jaune de soufre, fusibles à $93°$. Par la chaleur, elle donne de l'azote et du stilbène. L'hydrogène dégagé par le sodium en présence d'alcool la transforme en *benzilamine*, tandis que par l'amalgame du sodium c'est la

dibenzylhydrazine qui se forme
$$
\begin{array}{l}
Az\,H - CH^2C^6H^5 \\
\;\;\mid \\
AzH - CH^2C^6H^5
\end{array}
$$
. Elle peut

avoir comme formule de constitution

$$
\begin{array}{l}
C^6H^5CHAz \\
\quad\mid \\
C^6H^5CHAz
\end{array}
\quad , \quad
\text{ou} \quad
C^6H^5CH
\begin{array}{c}
Az \\
\diagup\;\diagdown \\
\\
\diagdown\;\diagup \\
Az
\end{array}
CHC^6H^5 ;
$$

sous cette seconde forme, elle serait analogue à la phénazine avec cette seule différence que les azotes sont reliés à des

groupes méthines au lieu de noyaux benzéniques. Mais le fait
de la fixation de quatre ou six atomes d'H fait écarter la
seconde qui ne pourrait en fixer que deux :

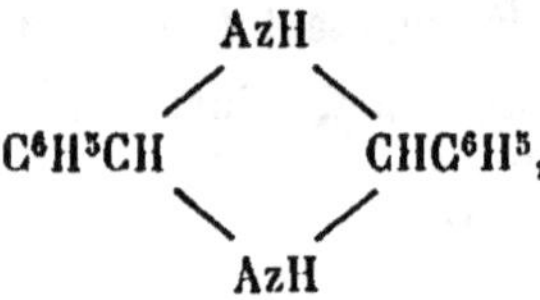

L'α-oxybenzylidène-azine préparée avec l'aldéhyde salicy-
lique

$$C^6H^4 (OH) CH = Az$$
$$|$$
$$C^6H^4 (OH) CH = Az$$

cristallise en lamelles argentines fusibles à 205°.

L'α-nitrobenzylidène-azine

$$C^6H^{11} (AzO^2) CH = Az$$
$$| \; ,$$
$$C^6H^{11} (AzO^2) CH = Az$$

obtenue avec la *nitrobenzaldéhyde*, cristallise en aiguilles,
d'un jaune clair, fusibles à 181°.

La cinnamylidène-azine
$$C^6H^5CH = CHCH = Az$$
$$|$$
$$C^6H^5CH = CHCH = Az$$
, préparée avec
l'aldéhyde cinnamique, cristallise de l'alcool en longues
lamelles, d'un jaune clair, fusibles à 162° ; en solution chloro-
formique, elle fixe quatre atomes de brome et forme un composé tétrabromé en cristaux rouges.

L'action de l'hydrazine sur les aldéhydes grasses n'a pas
été étudiée. Cependant on a observé son action sur le glyoxal ;

il se forme un précipité jaune microcristallin ayant pour formule $C^8H^{20}Az^6O^8$ et qui représente trois molécules d'hydrazine pour quatre de glyoxal unies sans élimination d'eau. Ce dérivé est donc tout à fait particulier.

Avec *les acétones*, *les dicétones* et les éthers β-cétoniques, l'hydrazine à l'état de sel réagit plus difficilement; à l'état d'hydrate, au contraire, la réaction est très facile. Il se forme avec les composés aromatiques de cette nature des dérivés cristallisés, insolubles dans l'eau, solubles dans l'alcool. La condensation se fait avec les acétones aromatiques de la même manière qu'avec les aldéhydes : une molécule d'hydrazine s'unit avec deux molécules d'acétone avec élimination de deux molécules d'eau : par exemple, avec le méthylbenzoyle,

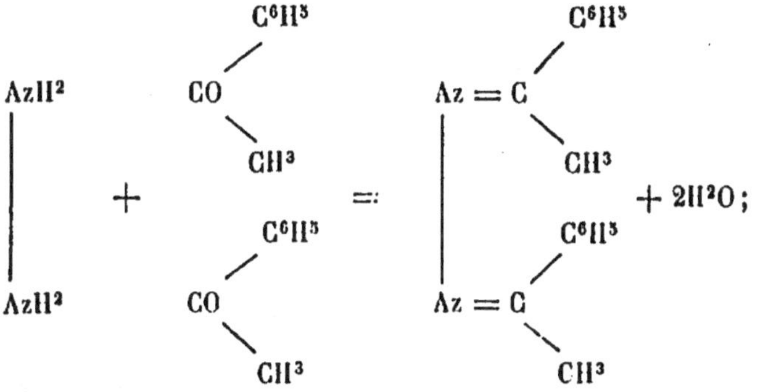

$$AzH^2 \begin{vmatrix} CO \begin{smallmatrix} C^6H^5 \\ \\ CH^3 \end{smallmatrix} \\ \\ CO \begin{smallmatrix} C^6H^5 \\ \\ CH^3 \end{smallmatrix} \end{vmatrix} + = Az \begin{vmatrix} = C \begin{smallmatrix} C^6H^5 \\ \\ CH^3 \end{smallmatrix} \\ \\ = C \begin{smallmatrix} C^6H^5 \\ \\ CH^3 \end{smallmatrix} \end{vmatrix} + 2H^2O;$$

Avec les dicétones la réaction a lieu entre une molécule d'hydrazine et une molécule de dicétone :

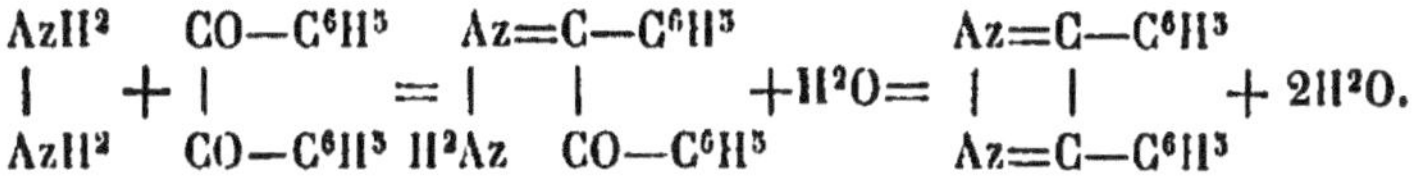

$$AzH^2 \begin{vmatrix} CO-C^6H^5 \\ \\ CO-C^6H^5 \end{vmatrix} + = \begin{vmatrix} Az=C-C^6H^5 \\ \\ H^2Az \quad CO-C^6H^5 \end{vmatrix} + H^2O = \begin{vmatrix} Az=C-C^6H^5 \\ \\ Az=C-C^6H^5 \end{vmatrix} + 2H^2O.$$

Ces recherches ne sont pas encore terminées.

M. Curtius a étudié de plus près l'action de l'hydrazine sur l'acétylacétate d'éthyle : elle a lieu de même entre une molécule d'hydrazine et une molécule d'éther avec élimination d'eau, d'alcool et formation d'un dérivé de la *pyrazolone* :

$$CH^3COCH^2COOC^2H + AzH^2 — AzH.H =$$

$$+ C^2H^5OH + H^2O.$$

La réaction est vive, le mélange s'échauffe et la méthylpyrazolone se dépose en cristaux blancs, solubles dans l'eau et dans l'alcool et qui fondent à 215°.

Avec l'acide *pyruvique*(¹), l'hydrate d'hydrazine produit de l'α-hydrazopropionate d'hydrazine :

$$CH^3.C \begin{bmatrix} AzH \\ | \\ AzH \end{bmatrix} COOH, Az^2H^4,$$

sous la forme d'une poudre cristalline fondant à 116°.

Avec l'éther méthylpyruvique, il se forme de même l'éther méthyl-α-hydrazopropionique

$$CH^3 — C \begin{matrix} AzH \\ | \\ AzH \\ COOCH^3 \end{matrix}$$

fondant à 82°.

(¹) *B. ch. C.*, XXIII, p. 3033

Cet éther traité en solution benzénique froide par l'oxyde
de mercure donne l'éther méthyl-α-diazopropionique

$$CH^3CAz^2CO^2CH^3,$$

corps qu'on a pu obtenir directement au moyen du nitrite de
sodium réagissant sur l'éther méthyl-α-amidopropionique.
Il bout à 53-55° sous 32 millimètres de pression.

Cette réaction est analogue à celle qui se passe quand on
traite par l'hydrate d'hydrazine, le benzile ou l'isatine ; il se
forme l'hydrazobenzile et l'hydrazoisatine, corps qui, par
l'action de l'oxyde de mercure, fournissent l'azobenzile

$$C^6H^5CO$$
$$|$$
$$C^6H^5C = Az^2$$

et l'azoisatine

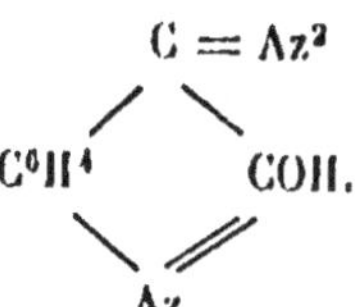

Cette transformation d'une acétone acide en un azoïque,
qui lui-même peut être préparé directement, prouve définitive-
ment que dans les diazoïques gras les deux atomes d'azote
sont attachés au même atome de carbone.

M. Curtius rattache à l'hydrazine deux acides qu'il a décrits
encore sous le nom d'acides *azine-succiniques* et qu'il considère
comme des dérivés de l'hydrazine : ce sont les acides *azine-*
succiniques symétrique et *dissymétrique*. Leurs éthers se
forment surtout quand on chauffe l'éther diazoacétique ou

l'éther diazosuccinique à une température voisine de leur point d'ébullition et résultent d'une condensation de plusieurs molécules du composé diazoïque avec élimination partielle d'azote.

Nous avons dans ces corps un exemple du second mode de polymérisation des composés diazoïques avec séparation d'une partie seulement de l'azote.

Acide azine-succinique dissymétrique. — Son éther méthylique se forme quand on chauffe vers 80° le diazosuccinate de méthyle. Lorsque tout dégagement d'azote a cessé, on fait recristalliser le produit dans l'alcool. A l'analyse, il correspond à la formule $C^6H^8AzO^4$ ou à un multiple de cette formule.

Cet éther se présente sous la forme de prismes blancs et soyeux, fusibles avec dégagement d'azote à 149-150°. Il se décompose avec les acides sans donner de sels d'hydrazine, réduit à chaud la liqueur de Fehling, par la chaleur perd de l'azote avec formation d'un composé non déterminé. Traité par l'eau de baryte, il se saponifie et fournit le sel $C^8H^4Az^2O^8Ba^2$, poudre cristalline blanche peu soluble dans les dissolvants neutres.

On extrait l'acide azine-succinique en traitant par une quantité déterminée d'acide sulfurique le sel de baryum tenu en suspension dans l'acétone. La solution laisse l'acide sous la forme de petites aiguilles extrêmement hygroscopiques ; l'éther ne l'enlève pas à ses solutions aqueuses.

La composition du sel de baryte montre que le composé primitif a pour formule $C^{12}H^{16}Az^2O^8$ et constitue l'éther méthylique d'un acide tétrabasique. M. Curtius admet qu'il se forme suivant le schéma :

$$
\begin{matrix}
Az \\
\| \quad\quad CCO^2CH^3 \\
\| \quad\quad CH^2 - CO^2CH^3 \\
Az \\[6pt]
Az \quad\quad CH^2CO^2CH^3 \\
\| \quad\quad C - CO^2CH^3 \\
Az
\end{matrix}
= Az^2 +
\begin{matrix}
Az = C - CO^2CH^3 \\
\mid \\
CH^2 - CO^2CH^3 \\[4pt]
CH^2 - CO^2CH^3 \\
\mid \\
Az = C - CO^2CH^3
\end{matrix}
$$

L'acide serait alors

$$
\begin{matrix}
Az = C - CO^2H \\
\mid \\
CH^2 - CO^2H \\[4pt]
CH^2 - CO^2H \\
\mid \\
Az = C - CO^2H
\end{matrix}
$$

qu'on pourrait considérer comme dérivant de l'hydrazine $AzH^2 - AzH^2$, en supposant que chaque groupe H^2 est remplacé par le reste bivalent de l'acide succinique

$$
\left(
\begin{matrix}
C \quad\quad CO^2H \\
\mid \\
CH^2 - CO^2H
\end{matrix}
\right)'
.
$$

C'est pour rappeler cette relation que M. Curtius l'a désigné sous le nom d'acide *azine-succinique dissymétrique* pour le distinguer de son isomère, l'acide *azine-succinique symétrique*, qui se forme à l'état d'éther quand on chauffe au bain-marie l'éther diazoacétique tant qu'il se dégage de l'azote.

Le volume d'azote dégagé conduit à l'équation :

$$4CHAz^2CO^2R = C^8H^4Az^2O^8.R^4 + 3Az^2.$$

L'éther qu'on obtient, saponifié de la même façon avec l'eau de baryte, forme un sel insoluble de composition $C^8H^4Az^2O^8Ba^2$, le sel d'un acide tétrabasique.

L'acide libre, qu'on retire de la même manière de son sel de baryum, cristallise dans l'eau en aiguilles blanches et brillantes, déliquescentes et fusibles avec décomposition à 245°.

L'éther méthylique de cet acide, qui est liquide, ne réduit pas à chaud la liqueur de Fehling et se décompose quand on le chauffe à 150°, en azote et fumarate diméthylique

$$Az^2 (CHCO^2CH^3)^4 = Az^2 + 2C^4H^2 (CO^2Ch^3)^2,$$

corps qui fond à 102° et donne avec l'ammoniaque la fumaramide fondant avec décomposition à 232°.

D'après M. Curtius, la constitution de cet acide serait

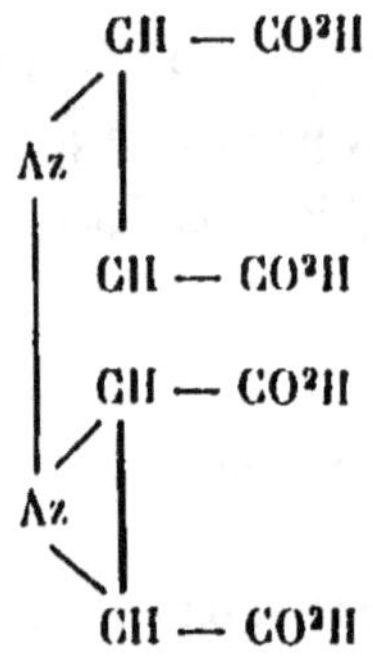

$$
\begin{array}{c}
CH - CO^2H \\
\diagup \quad | \\
Az \quad\quad | \\
| \quad\quad\quad \\
| \quad CH - CO^2H \\
| \quad CH - CO^2H \\
\diagup \quad | \\
Az \quad\quad | \\
\diagdown \quad | \\
CH - CO^2H
\end{array}
$$

et résulterait de la condensation de quatre molécules d'acide diazoacétique avec élimination de trois molécules d'azote suivant le schéma :

$$
\begin{matrix}
Az \\
\| \quad \diagdown \\
\quad \quad \diagup CHCO^2H \\
Az
\end{matrix}
$$

$$
\left.
\begin{matrix}
Az \\
\| \quad \diagdown \\
\quad \quad CHCO^2H \\
\quad \quad \diagup \\
Az \\[1em]
Az \\
\| \quad \diagdown \\
\quad \quad CHCO^2H \\
\quad \quad \diagup \\
Az \\[1em]
Az \\
\| \quad \diagdown \\
\quad \quad CHCO^2H \\
\quad \quad \diagup \\
Az
\end{matrix}
\right\}
=
\begin{matrix}
\quad \quad CHCO^2H \\
\quad \diagup \quad | \\
Az \quad \quad | \\
\quad \diagdown \quad | \\
\quad \quad CHCO^2H \\
\quad \quad | \\
\quad \quad | \\
\quad \quad | \\
\quad \quad CHCO^2H \\
\quad \diagup \quad | \\
Az \quad \quad | \\
\quad \diagdown \quad | \\
\quad \quad CHCO^2H.
\end{matrix}
\quad + 3Az^2
$$

Il constitue un isomère du précédent acide dont il se distingue en ce sens que, dans la première base, deux azotes
sont reliés chacun au même carbone du groupe méthylène
primitif, tandis que dans celui-ci ils sont unis à des carbones
appartenant à deux groupes méthylènes différents. Cet acide
peut se déduire de l'hydrazine si on substitue à l'hydrazine
de chaque groupe AzH^2 le radical bivalent

$$
\begin{matrix}
- CH -- CO^2H \\
| \\
- CH -- CO^2H,
\end{matrix}
$$

qui n'est qu'un reste de l'acide succinique, et, de plus, le partage de l'hydrazine étant dans ce cas symétrique, pour cette raison M. Curtius appelle cet *acide azine-succinique symétrique*.

Il faut remarquer que l'expression d'« azine » dont s'est servi M. Curtius pour désigner ces acides, il l'a appliquée ensuite à tous les composés dérivant de l'hydrazine par substitution totale de l'hydrogène, quoique cette dénomination soit donnée aujourd'hui à toute une classe de corps différents. Elle indiquerait dans ces composés l'existence du groupe tétravalent $(Az - Az)''$. Quant aux dérivés résultant de l'hydrazine par une substitution partielle d'hydrogène, il leur réserve la dénomination générique d'hydrazine.

Par exemple, le composé résultant de la condensation de l'aldéhyde benzylique avec l'hydrazine est

$$\begin{array}{l} Az = CHC^6H^5 \\ | \\ Az = CHC^6H^5 \end{array} \text{ ; on}$$

l'a appelé *benzylidène-azine*, comme aussi le produit formé avec le méthylbenzoyle

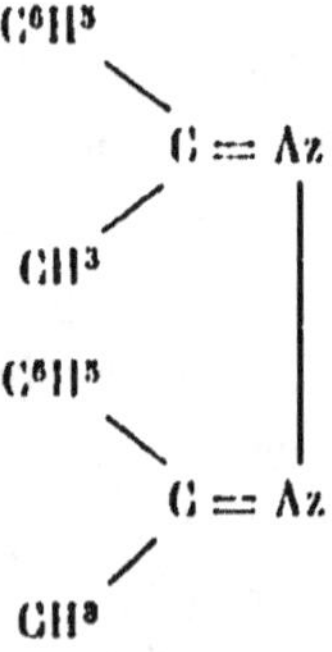

on l'a désigné sous le nom de *méthylphénylcétazine* ; tandis

que le corps

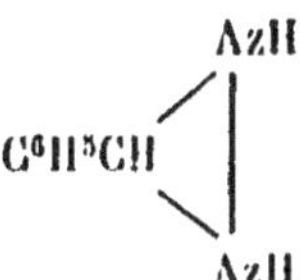

pourrait être appelé *benzylidène-hydrazine*. Pour la même raison, les composés résultant de l'action de l'hydrazine sur le benzylglycolate d'éthyle s'appellent benzoylhydrazine, acide hydrazine-acétique, etc. Les hydrazines à leur tour seront distinguées en symétriques et asymétriques. Le corps

$$C^6H^5CH^2 - AzH$$
$$\quad\quad\quad\quad | \quad , \text{résultant de la benzylidène-azine, consti-}$$
$$C^6H^5CH^2 - AzH$$

tuerait la benzylhydrazine symétrique.

Nous avons dit en passant que les acides non saturés se combinent avec l'éther de l'acide diazoacétique en formant des composés d'addition bien définis que M. Buchner a étudiés avec détail.

M. Curtius admet dans ces composés l'existence d'une liaison de l'azote avec le groupe méthylène, pareille à celle qui existerait dans la seconde formule donnée à la benzylidène-azine

benzylidène-azine

et résultant de la rupture des doubles liaisons, ce qui arriverait aussi dans la combinaison de l'éther diazoacétique avec
des hydrocarbures aromatiques.

$$C^2H^2(CO^2R)^2 + \begin{matrix} Az \\ \| \\ \| \\ Az \end{matrix} CH{-}COOR = \begin{matrix} CO^2R{-}CH{-}Az \\ | \quad \backslash \\ | \quad CH{-}CO^2R \\ | \quad / \\ CO^2R{-}CH{-}Az \end{matrix}$$

éther fumarique   acide fumarazine-acétique

$$CH^2{=}CHCOOCH^3 + \begin{matrix} Az \\ \| \\ \| \\ Az \end{matrix} CH{-}COOR = \begin{matrix} CH^2{-}Az \\ | \quad \backslash \\ | \quad CH{-}CO^2R \\ | \quad / \\ CO^2CH^3{-}CH{-}Az \end{matrix}$$

éthéracrylique   éthéracrylazine-acétique

$$C^6H^5CH{=}CHCOOH + \begin{matrix} Az \\ \| \\ \| \\ Az \end{matrix} CH{-}CO^2H = \begin{matrix} CH^5{-}CH{-}Az \\ | \quad \backslash \\ | \quad CHCOOH \\ | \quad / \\ COOH{-}CH{-}Az \end{matrix}$$

acide cinnamique   éther cinnamylazine-acétique

Et, en fait, ces composés d'addition se comportent de la
même façon que la benzylidène-azine. Par ébullition avec les
acides minéraux, ils éliminent l'azote à l'état d'hydrazine; sous
l'influence de la chaleur, au contraire, l'azote se dégage à
l'état gazeux, avec union du reste de la molécule dans un
produit plus complexe. La benzylidène-azine forme le stilbène
et l'acide fumarazine-acétique, l'acide triméthylène-tricar-
bonique :

$$C^6H^5CH \begin{matrix} Az \\ \diagup \, \diagdown \\ | \\ \diagdown \, \diagup \\ Az \end{matrix} CH\ C^6H^5 = Az^2 + C^6H^5CH = CHC^6H^5$$

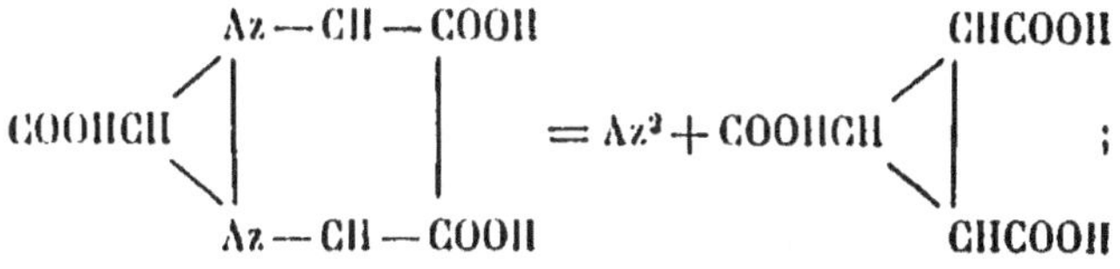

$$\begin{matrix} & \text{Az} - \text{CH} - \text{COOH} & & & \text{CHCOOH} \\ & \diagup \quad | \qquad\quad | & & & \diagup \quad | \\ \text{COOHCH} & \quad | \qquad\quad | & = \text{Az}^2 + \text{COOHCH} & \quad | & ; \\ & \diagdown \quad | \qquad\quad | & & & \diagdown \quad | \\ & \text{Az} - \text{CH} - \text{COOH} & & & \text{CHCOOH} \end{matrix}$$

l'acide cynnamazine-acétique donne l'acide phényltriméthylène-dicarbonique.

Les acides azine-succiniques se comportent de la même manière. L'éther tétraméthylique de l'acide succinique symétrique produit par la chaleur le fumarate diméthylique :

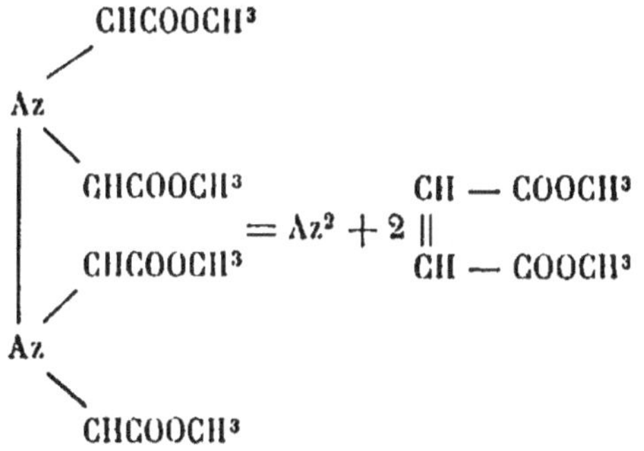

$$\begin{matrix} \text{CHCOOCH}^3 & & \\ \diagup & & \\ \text{Az} & & \\ \diagdown & & \\ \text{CHCOOCH}^3 & & \text{CH} - \text{COOCH}^3 \\ & = \text{Az}^2 + 2\ || & \\ \text{CHCOOCH}^3 & & \text{CH} - \text{COOCH}^3 \\ \diagup & & \\ \text{Az} & & \\ \diagdown & & \\ \text{CHCOOCH}^3 & & \end{matrix}$$

Le même éther de l'acide asymétrique donne également l'éther d'un acide qui n'a pas pu être caractérisé ; peut-être est-ce le maléate diméthylique ? Mais, d'un autre côté, les acides azine-succiniques ne donnent pas d'hydrazine par ébullition avec les acides ; l'auteur pense que cela tient peut-être à une certaine difficulté que mettraient les restes succiniques à l'oxydation, difficulté qui ne s'observe pas dans le cas du reste acétique $(\text{CHCOOH})''$ ou du groupe benzylidène $(\text{CHC}^6\text{H}^5)''$. Les produits de condensation des acétones avec l'hydrazine se décomposent également par la chaleur avec

4

dégagement d'azote, excepté la méthylphényl-cétazine qui distille sans décomposition. Par ébullition avec les acides, ils se transforment dans leurs composants.

Il résulte de là que pour qu'un groupe de deux azotes doublement ou simplement unis puisse engendrer l'hydrazine, par fixation de l'hydrogène de l'eau, il faut qu'ils soient unis avec deux restes carbonés capables de fixer facilement l'oxygène. Le noyau benzénique semble incapable d'une pareille oxydation, ce qui expliquerait pourquoi on n'a pas pu obtenir de l'hydrazine libre par l'action des acides ou des réducteurs sur une combinaison aromatique, azoïque, hydrazoïque ou azinique. Dans l'acide triazoacétique il existe le groupe $(CHCOOH)''$ facilement oxydable (acide oxalique), dans la benzylidène-azine le groupe $(C^6H^5CH)^{2''}$ passant facilement à l'aldéhyde et, par là, ajoutant aux atomes d'azote l'hydrogène nécessaire à la formation de l'hydrazine.

Benzoylhydrazine. — L'hydrate d'hydrazine réagit avec perte d'eau sur le benzoylglycolate d'éthyle en donnant deux dérivés hydraziniques, deux hydrazines primaires, la benzoylhydrazine et l'amidoglycocolle ou hydrazine-acétate d'éthyle. Cette réaction se passe entre une molécule d'éther et deux molécules d'hydrazine, suivant l'équation

$$C^6H^5COOCH^2COOC^2H^5 + 2Az^2H^4$$
$$= C^6H^5CO-AzH-AzH^2 + AzH^2-AzH.CH^2COOC^2H^5 + H^2O.$$

Ces deux composés, la benzoylhydrazine et l'acide hydrazine-acétique, sont des dérivés monosubstitués de l'hydrazine et possèdent une constitution et des propriétés analogues à celles de la phénylhydrazine. Tous les deux donnent des produits de condensation incolores et bien caractérisés avec les aldéhydes. Leur constitution ressort du fait que par l'ébullition avec les acides et les alcalis, ces composés se transforment en leurs composants.

La benzoylhydrazine $C^6H^5COAzHAzH^2$ se dépose en cristaux du mélange qui a servi à sa préparation et constitue de grandes feuilles brillantes (de l'alcool) fondant à 112°; elle réduit à froid la liqueur de Fehling, se dissout assez facilement dans l'eau et l'alcool froids ; très facilement à chaud et ne s'altère pas à l'ébullition avec l'eau ; elle est peu soluble dans l'éther chaud et se décompose quand on la chauffe avec les alcalis et les acides en ses composants

$$C^6H^5COAzHAzH^2 + H^2O = C^6H^5COOH + Az^2H^4$$

elle se combine intégralement molécule à molécule avec l'aldéhyde benzylique pour donner la *benzoylbenzylidénehydrazine* $C^6H^5COAzH - Az = CH - C^3H^5$ qui cristallise de l'alcool chaud en longues aiguilles incolores insolubles dans l'eau, peu solubles dans l'éther chaud et fondant à 203°.

Quand on chauffe la benzoylhydrazine, il se dégage Az^2H^4 et en même temps il se forme la *dibenzoylhydrazine* symétrique $C^6H^5COAzH - AzHCOC^6H^5$, qui cristallise de l'alcool chaud en fines aiguilles soyeuses ; elle est très peu soluble dans l'eau et fond à 233° ; elle se décompose par ébullition avec les acides ou les alcalis en acide benzoïque et hydrazine. Avec le nitrite de sodium en solution acétique, elle fournit la benzoylazoïmide.

L'amidoglycocolle ou l'acide hydrazineacétique $Az^2H - AzH - CH^2 COOH$. — C'est le second corps qui se forme à l'état d'éther dans la réaction de l'hydrazine sur le benzoylglycolate d'éthyle et qu'on retrouve dans les eaux mères après la séparation de la benzoylhydrazine. Il rappelle beaucoup le glycocolle et se présente en grandes tables dures facilement solubles dans l'eau froide, l'alcool chaud, et insolubles dans l'éther; il fond à 93° et possède un goût doux et rafraîchissant. Il est neutre et se dissout dans les solutions alcalines de cuivre, avec coloration violet foncé, et colore en rouge la solution neutre de perchlorure de fer. Il réduit à chaud la liqueur de Fehling et à froid la solution ammoniacale d'azotate d'argent. Il se décompose à chaud par les alcalis ou les acides en acide glycolique et hydrazine :

$$AzH^2AzHCH^2COOH + H^2O = Az^2H^4 + CH^2OH - COOH$$

L'amidoglycocolle en solution faiblement alcaline se combine par agitation avec l'aldéhyde benzylique, molécule à molécule, pour former l'acide *benzilidènehydrazine-acétique* $C^6H^5CH = Az — AzH — CH^2COOH$, qui se dépose de l'alcool chaud en aiguilles soyeuses fusibles à 156°; il est peu soluble dans l'eau.

Traité par le nitrite de sodium en solution acétique, il donne également l'acide *azimidoacétique*

$$\begin{array}{c} Az \\ \diagdown \\ \quad\diagdown AzCH^2CO^2H, \\ \diagup \\ Az \end{array}$$

corps qui n'a pas été encore isolé.

Hippurylhydrazine $C^6H^5COAzHCH^2COAzH — AzH^2$. — Elle se forme en quantité théorique quand on traite par l'hydrazine (une molécule) l'éther hippurique dissous dans le moins possible d'alcool bouillant

$$C^6H^5COAzHCH^2CO^2C^2H^5 + Az^2H^4$$
$$= C^6H^5COAzHCH^2COAzH - AzH^2 + C^2H^2OH.$$

Cette réaction de l'hydrazine sur l'éther d'un acide est intéressante et pourra s'étendre à d'autres corps analogues. On obtient des aiguilles incolores fusibles à 162°,5, solubles dans l'eau, peu solubles dans l'éther chaud ; elles réduisent les sels d'argent à chaud et colorent la liqueur de Fehling en vert émeraude. Par ébullition avec les acides ou les alcalis, ce corps se décompose en ses composants. Agité avec de l'aldéhyde benzylique en solution aqueuse, il se combine en formant l'hippurylbenzylidène-hydrazine

$$C^6H^5COAzHCH^2COAzHAz = CH - C^6H^5,$$

cristallisant de l'alcool en petites feuilles brillantes fusibles à 82°.

L'hippurylhydrazine se combine de même avec l'acide nitreux pour donner un corps dont la formule peut être :

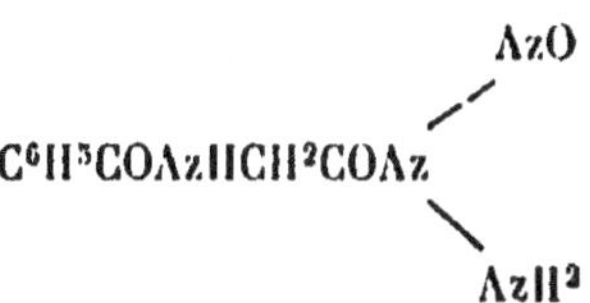

Acide azothydrique ou azoïmide Az³H. — On sait que si on traite un sel d'ammoniaque par un nitrile, il se forme de l'azote et de l'eau suivant l'équation :

$$AzH^4Cl + AzO^2Na = Az^2 + 2H^2O + NaCl.$$

Une réaction analogue avec un sel d'hydrazine devrait

donner l'azoïmide

$$\begin{matrix} AzH^3Cl \\ | \\ AzH^2 \end{matrix} + AzO^2Oa = \begin{matrix} Az \\ \| \\ Az \end{matrix}\!\!\diagdown\, AzH + 2H^2O + NaCl.$$

Mais ce corps si intéressant, qui constitue un acide analogue aux acides halogénés, s'obtient très difficilement par ce moyen. D'autres procédés ont permis à M. Curtius de le préparer avec plus de facilité.

Des dérivés organiques de l'azoïmide sont depuis longtemps connus. Par exemple la diazobenzolimide, découverte par M. Griess et préparée par M. E. Fischer à l'aide de la nitrosophénylhydrazine, est l'éther phénique de cet acide. La suite des réactions conduisant de la phénylhydrazine à la diazobenzolimide est la même que celle conduisant de la benzoylhydrazine à la benzoylazoïmide ou de l'hydrazine à l'azoïmide.

$$C^6H^5Az\,(AzOAzH^2) = C^6H^5.Az\diagup\!\!\begin{matrix} Az \\ \| \\ Az \end{matrix} + H^2O$$

nitrosophénylhydrazine   diazobenzolimide

$$C^6H^5COAzH\,(AzO)\,AzH^2 = C^6H^5COAz\diagup\!\!\begin{matrix} Az \\ \| \\ Az \end{matrix} + H^2O$$

nitrosobenzoylhydrazine   benzoylazoïmide

$$HAz\,(AzO) - AzH^2 = HAz\diagup\!\!\begin{matrix} Az \\ \| \\ Az \end{matrix} + H^2O$$

nitrosohydrazine   azoïmide

Nous avons dit, en passant, que la benzoylhydrazine, l'acide hydrazine-acétique et l'hippurylhydrazine forment avec l'acide nitreux des composés qui se rattachent à l'acide azothydrique, et de la destruction desquels résulte ce corps. Nous allons décrire d'abord la préparation et les propriétés de ces composés.

La *benzoylazoïmide* s'obtient quand on traite *la benzoyl-hydrazine* en solution aqueuse par une molécule de nitrite de sodium en acidulant la liqueur refroidie par de l'acide acétique; il se sépare un produit huileux qu'on solidifie par agitation dans l'eau glacée.

Le composé qui se forme dérive de l'azotite de la base par perte immédiate de deux molécules d'eau

$$C^6H^5COAzH - AzH^2 + AzO - OH = C^6H^5COAz\langle{Az \atop Az}\rangle + 2H^2O$$

La benzoylazoïmide cristallise en prismes incolores fusibles à 29-30°, possède une odeur forte de chlorure de benzoyle et attaque fortement les muqueuses; elle distille avec la vapeur d'eau sans décomposition et fait explosion quand on la chauffe, avec une faible détonation. Elle est insoluble dans l'eau, soluble dans l'éther, l'alcool, neutre, au tournesol, ne réduit pas la liqueur de Fehling, mais réduit à chaud la solution ammoniacale de nitrate d'argent. Par ébullition avec les acides elle ne se décompose pas, mais, avec les alcalis donne les sels correspondants des acides azothydrique et benzoïque:

$$C^6H^5COAz\langle{Az \atop Az}\rangle + 2NaOH = C^6H^5COONa + \langle{Az \atop Az}\rangle AzNa + H^2O.$$

L'acide hydrazine-acétique fournit dans les mêmes circonstances, avec le nitrite de sodium, l'acide azoïmido-acétique

$$AzH^2.AzHCH^2COOH + AzOOH = \begin{matrix} Az \\ \| \\ Az \end{matrix}\!\!>\!\!AzCH^2COOH + H^2O.$$

Ce corps n'a pas été encore isolé ; mais sa solution aqueuse traitée par les alcalis ou les acides engendre également l'acide azothydrique.

La nitrosohippurylhydrazine résulte de la combinaison de l'acide nitreux avec l'hippurylhydrazine. Dans le cas présent, il ne se produit pas spontanément par perte d'eau l'hippurylhydrazine-azoïmide, mais un corps dont la constitution peut être

$$C^6H^5COAzH.CH^2COAz \begin{matrix} \diagup AzO \\ \diagdown AzH^2. \end{matrix}$$

La question n'est pas suffisamment éclaircie ; les analyses mêmes n'ont donné aucun nombre précis. Ce corps possède d'ailleurs la même propriété que la benzoylazoïmide, de fournir par l'ébullition avec les acides, et plus facilement avec les alcalis, l'acide azothydrique et l'acide hippurique, ce qui rend probable la formule donnée :

$$C^6H^5COAzHCH^2CO - Az \begin{matrix} \diagup AzO \\ \diagdown AzH^2 \end{matrix} + 2NaOH$$

$$C^6H^5COAzHCH^2COONa + \begin{matrix} Az \\ \| \diagdown \\ \| \diagup \\ Az \end{matrix}\;\; AzNa + 2H^2O.$$

Pour préparer ce corps, on dissout l'hippurylhydrazine dans beaucoup d'eau chaude et additionnée d'un peu plus d'une molécule d'azotite de sodium, on refroidit à 0° et on ajoute un excès d'acide acétique. On sépare et on sèche à l'air la substance insoluble dans l'eau froide, qui se forme ; on la met ensuite à cristalliser dans l'éther ou l'ai ol. Elle forme des aiguilles incolores, anisotropes, fondant à 98°. Cette nitrosoamine donne bien la réaction de Liebermann, possède un goût brûlant et provoque de violents éternuements. Chauffée avec l'eau, elle laisse dégager un gaz indifférent et forme une substance très peu soluble, non encore étudiée. Elle possède une réaction acide et se dissout dans les alcalis ; la solution est fluorescente et présente une coloration bleue par réflexion. La solution ammoniacale additionnée d'azotate d'argent donne un précipité blanc de sel d'argent explosif.

L'acide azothydrique peut donc être préparé au moyen d'un des trois corps qu'on vient de décrire ; mais le procédé le plus commode, c'est celui où l'on part de l'hippurylhydrazine qui s'obtient avec le plus de facilité.

PRÉPARATION DE L'ACIDE AZOTHYDRIQUE. — On transforme l'hippurylhydrazine brute, de la manière indiquée, en nitrosoamine ; on sépare celle-ci et on la dissout, après l'avoir bien lavée à l'eau, dans une solution très étendue de soude. Cette solution alcaline, qu'on a placée dans un ballon muni d'un entonnoir à robinet et d'un réfrigérant descendant, on la chauffe pendant quelque temps au bain-marie ; on ajoute lentement de l'acide sulfurique étendu dans le liquide maintenu à l'ébullition. L'acide azothydrique distille avec la vapeur d'eau. On laisse couler le liquide dans une solution neutre de sel d'argent et on arrête l'opération dès qu'il n'y a plus précipitation. On sépare le sel, on le lave à l'eau et on le sèche sans danger à 60-70°. Le produit brut obtenu contient la quantité théorique d'argent. Le résidu de la distillation refroidi donne des cristaux d'acide hippurique. Si on emploie la soude concentrée, on trouve, à côté de l'acide hippurique, de l'acide benzoïque, de l'ammoniaque et de l'hydrazine.

L'acide azothydrique est dégagé ensuite du sel d'argent par de l'acide sulfurique faible; on le purifie par une nouvelle transformation en sel. Le liquide recueilli donne d'abord du gaz; puis, distille dans les premières portions qui passent à 90-100°, un acide très concentré, à 27 0/0 (titré par l'eau de baryte). On a renoncé à concentrer davantage par fractionnement à cause des dangers d'explosion. Le liquide à 27 0/0 va vers le fond du récipient en stries épaisses, possède une odeur insupportable et forme des nuages épais avec l'ammoniaque. En continuant la distillation, il passe jusqu'à la fin un liquide étendu.

PROPRIÉTÉS. — L'acide azothydrique est un gaz, d'une odeur particulière, très dangereux. Même à l'état très étendu, il provoque des étourdissements, des maux de tête et en même temps une violente inflammation de la muqueuse nasale; la solution aqueuse corrode l'épiderme. Il constitue un acide monobasique fort, absorbé par l'eau et de tous les points comparable à l'acide chlorhydrique, propriété qui justifie son nom. Il colore fortement le papier de tournesol en rouge clair.

Une solution à 7 0/0 dissout le fer, le zinc, le cuivre, l'aluminium, le magnésium avec un vif dégagement d'hydrogène, précipite quantitativement les solutions d'azotate d'argent et d'azotate mercureux à l'état de Az^3Ag et $(Az^3)^2Hg$, réactions utilisées pour séparer et purifier l'acide. A l'état concentré, il paraît mieux attaquer l'or et l'argent ; à leur contact, il se colore en rouge. La dissolution des métaux ou la neutralisation par les bases fournissent des sels comparables aux chlorures. Le sel de baryum Az^6Ba^2 forme des cristaux anisotropes, brillants et durs, sans eau de cristallisation ; il est facilement soluble dans l'eau, est neutre et brule, sans détonation violente, avec une flamme verte.

Le sel d'argent est en petits prismes anisotropes, insolubles dans l'eau et les acides étendus, solubles dans les acides minéraux concentrés ; fond à $250°$ et fait une violente explosion avec flamme verte. L'eau bouillante ne l'altère pas ; insensible à la lumière, ce qui le distingue de $AgCl$, il se dissout dans une solution ammoniacale sans se réduire par ébullition.

Le *triazoture mercureux* $(Az^3)^2Hg^2$ cristallise en cristaux blancs insolubles dans l'eau ; très explosif ; se colore, comme le calomel, en noir par l'ammoniaque.

$(Az^3)^2Cu^2$ et $Fe(Az^3)^2$ forment des précipités rouges cristallins insolubles et très explosifs.

Az^3Na comme $Az^3.AzH^4$ sont des sels cristallisés, sans avoir les mêmes formes que les chlorures. Az^4H^4 se dissocie et est volatil vers $100°$.

Quand on veut concentrer les solutions rouges de sels de fer, de cuivre et d'or, il y a précipitation, outre une partie du métal, de combinaisons peu solubles analogues aux sels de sous-oxyde.

L'acide sulfurique étendu met l'acide en liberté dans les solutions des triazotures. L'acide sulfurique concentré à chaud détruit complètement l'acide mis en liberté avec un dégagement lent de gaz. On ne peut donc pas préparer Az^3H anhydre de la même manière que HCl.

L'acide azothydrique se distingue des acides halogénés seulement par ses propriétés très explosives, qui obligent à de très grandes précautions dans sa manipulation. A l'état anhydre, il est presque impossible de le manier. M. Curtius a failli être victime de violentes explosions. Environ 2 centilitres d'une solution aqueuse à 27 0/0 ont fait explosion, au moment où on scellait un tube capillaire de verre pour le conserver, avec une très forte détonation et mise en poussière du tube à parois épaisses. Quelques milligrammes de sel d'argent ou de sel mercureux détonent avec une grande violence par le choc ou la chaleur. Les combinaisons avec les métaux alcalins ou alcalinoterreux sont un peu moins explosives. Le sel de baryum peut s'analyser par combustion avec l'oxyde de cuivre. Cette analyse, comme aussi le dosage d'argent, par voie humide, du sel argentique, ont permis d'établir la composition de cet acide, dont la formule est

$$Az \begin{Bmatrix} \\ \\ \end{Bmatrix} AzH.$$

A ce propos il faut ajouter que, dans une note récente, purement théorique, M. Mendéléieff [1] suppose que la constitution

[1] *D. Ch. G.*, t. XXIII, p. 3464, et *Bull. S. Ch.* (3ᵉ série), V, p. 466.

de cet acide pourrait être linéaire et se déduire, par perte de quatre molécules d'eau, du sel ammoniacal

$$AzO\,(OAzH^4)^2\,OH$$

de l'acide orthoazotique $AzO\,(OH)^3$, l'hydrate hypothétique correspondant à l'acide phosphorique ordinaire :

$$AzO^4H\,(AzH^4)^2a = 4H^2O + Az^3H.$$

La perte d'une première molécule d'eau donnerait

$$AzO.AzH^2.OAzH^4.OH$$

qui n'est autre que l'azotate d'ammonium monoammoniacal $AzO^3AzH^4AzH^3$ découvert par M. Raoult. Le départ d'une seconde laisserait $AzO\,(AzH^2)^2\,OH$, et après la troisième, il resterait un corps à la fois amide et imide

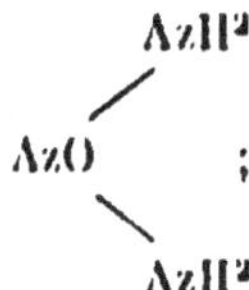

d'où on arriverait par l'enlèvement de la dernière molécule d'eau à un résidu imide

$$AzH^2 - Az = AzH = H^2O + Az \equiv Az = Az - H.$$
$$\overset{\|}{\underset{O}{}}$$

Cette imide ne serait autre que l'acide azothydrique de

M. Curtius, qui, au contraire, en fait l'imide

$$\underset{Az}{\overset{Az}{\left\Vert\right.}}\!\!\diagdown\!\!\diagup \quad \text{AzH de l'acide hypoazoteux} \quad \underset{AzOH}{\overset{AzOH}{\parallel}}$$

M. Mendéleieff pense que si l'H du corps Az^3H a un caractère fortement électro-négatif, c'est qu'il provient du groupe OH de l'acide orthoazotique et, si cette imide est un acide plus énergique que d'autres nitriles ou imides, comme, par exemple, les acides cyanhydriques ou cyaniques auxquels il le compare, cela tient à la place qu'occupe l'azote dans la classification périodique des éléments. Il se demande aussi si les transformations qu'on observe dans la série du cyanogène : polymérisation (acides cyanique, cyanurique), sels doubles spéciaux (ferrocyanures, etc.), transformations isomériques (cyanate d'ammonium et urée), ne se retrouvent pas aussi dans l'acide azothydrique et ses dérivés. L'azoture d'ammonium de formule dissymétrique pourrait se transformer dans un azoture symétrique à la fois nitrile et diamide

$$Az \equiv Az = Az \cdots AzH^4 \quad = \quad Az \equiv Az \underset{AzH^2}{\overset{AzH^2}{\diagup\!\!\diagdown}}$$

D'après la formule de M. Curtius ce serait $\;\overset{Az\;-\;AzH^2}{\underset{Az\;-\;AzH^2}{\parallel}}\;$ l'amide de l'acide hypoazoteux.

On pourrait aussi arriver à découvrir des sels doubles

colorés, comme les ferroazotures analogues aux ferrocyanures qui devront donner avec les sels ferriques des précipités analogues au bleu de Prusse, mais explosifs à l'état sec.

Quelle que soit la constitution de ce composé, il n'en est pas moins vrai que sa découverte est une des plus intéressantes qui aient été faites dans ces derniers temps.

On connaît d'ailleurs déjà un composé azotophosphoré analogue au moins de composition que je dois mentionner ici : le *phosphame* qui constitue un intéressant composé hydrogéné de l'azote dont la _composition, d'après Gerhardt, est PAz^2H.

Ce que vous venez d'entendre, Messieurs, se trouve détaillé, en partie, dans cinq mémoires publiés dans le *Journal für praktische Chemie*, tome XXXVIII (2), pages 394, 472, 531 ; tome XXXIV (1), pages 27 et 107, en partie, dans les *Berichte* de la Société chimique de Berlin.

Les combinaisons hydrogénées de l'azote viennent de s'enrichir ainsi de nouveaux corps aux propriétés les plus curieuses auxquels d'autres viendront sans doute s'ajouter. Si on se permettait une comparaison avec les composés hydrogénés du carbone, AzH^2 — AzH^2 serait à l'ammoniaque AzH^3 ce que CH^3 — CH^3 est au méthane CH^4. Peut-être aurons-nous lieu prochainement d'enregistrer un propane de l'azote ou d'autres composés supérieurs hydroazotés, et, dans un avenir prochain, d'autres faits surgiront qui jetteront un jour nouveau sur la chimie de l'azote.

Tours — Imprimerie DESLIS FRÈRES